嵌入式单片机技术实战教程

郭海如　熊曾刚　李志敏 ◎ 主编

赵恒　谈怀江　刘江华　万青　万兴 ◎ 副主编

清华大学出版社

北京

内 容 简 介

本书以培养应用型人才为目标进行内容规划，突出对应用能力的培养和训练。全书共 10 章，内容包括嵌入式单片机概述、STC51 单片机快速入门、STM32 固件库概述、STM32 输出、STM32 中断输入、STM32 定时器、STM32 串口、STM32 模数转换、STM32 的 RTC(实时时钟)、STM32 外部存储器。书中所有例程均给出 Proteus 仿真及代码，STM32 例程采用标准库和 HAL 库两种方式实现，所有操作过程均给出详尽步骤截图；本书全部实例都经过调试，可正常运行；较复杂原理及操作可以扫描二维码观看视频讲解，也可以进入 UOOC 联盟线上课程"嵌入式单片机实战"进行线上学习。

本书遵从"注重实战，理论够用"原则，具有一定大学物理和 C 程序设计基础的读者通过学习可以掌握其中所有技术。本书适合作为应用型本科高等院校电子信息、计算机、自动化、测控、机电一体化等专业的嵌入式控制、单片机原理及应用等课程的教材，也可供嵌入式单片机的初学者、参加电子类竞赛的学生及电子工程技术人员参考使用。

本书封面贴有清华大学出版社防伪标签，无标签者不得销售。

版权所有，侵权必究。侵权举报电话：010-62782989　13701121933

图书在版编目(CIP)数据

嵌入式单片机技术实战教程/郭海如，熊曾刚，李志敏主编. —北京：清华大学出版社，2023.9

ISBN 978-7-302-64302-9

Ⅰ.①嵌…　Ⅱ.①郭…　②熊…　③李…　Ⅲ.①单片微型计算机－教材　Ⅳ.①TP368.1

中国国家版本馆 CIP 数据核字(2023)第 139208 号

责任编辑：刘向威
封面设计：文　静
责任校对：韩天竹
责任印制：宋　林

出版发行：清华大学出版社
　　　　网　　址：http://www.tup.com.cn，http://www.wqbook.com
　　　　地　　址：北京清华大学学研大厦 A 座　　　　　　　　　邮　　编：100084
　　　　社 总 机：010-83470000　　　　　　　　　　　　　　　邮　　购：010-62786544
　　　　投稿与读者服务：010-62776969，c-service@tup.tsinghua.edu.cn
　　　　质量反馈：010-62772015，zhiliang@tup.tsinghua.edu.cn
　　　　课件下载：http://www.tup.com.cn，010-83470236
印 装 者：大厂回族自治县彩虹印刷有限公司
经　　销：全国新华书店
开　　本：185mm×260mm　　　印　　张：12.25　　　字　　数：302 千字
版　　次：2023 年 9 月第 1 版　　　　　　　　　　　印　　次：2023 年 9 月第 1 次印刷
印　　数：1～1500
定　　价：49.00 元

产品编号：101023-01

前　言

目前国内市场上主要采用 ARM 内核的微控制器,其中基于 ARM 内核的 STM32 微控制器应用最广,技术资料丰富,遇到问题容易找到解决办法,通过学习 STM32 掌握微控制器(MCU)技术较为容易。

与 STC51 单片机相比,STM32 微控制器的结构和编程方式更复杂,但基本运行原理一致。本书先通过 3 个例程讲解 STC51 单片机寄存器编程,以达到快速入门的目的,从而更有利于 STM32 微控制器的学习。

采用 STM32 CubeMX 软件自动生成基于 HAL 库的工程,能让驱动编程的效率提高10 倍以上。由于 HAL 库和标准库驱动代码 95％左右相通,如果能够读懂标准库代码,STM32 CubeMX 自动生成的 HAL 库驱动代码也很容易读懂。实际应用中会根据现实需求选用相关公司(例如瑞萨、英飞凌等)的控制器,但相关公司仅提供英文版芯片手册及基本标准库函数实例等技术资料,没有提供类似于 STM32 CubeMX 可视化的配置工具软件。本书所有 STM32 的例程都采用标准库和 HAL 库代码编程实现,其中标准库在蓝桥杯嵌入式竞赛板上实现,HAL 库在 Proteus 中实现。所有操作过程均提供详尽的步骤截图。

Proteus 仿真直观易懂,是学习微控制器的得力助手。本书所有例程及习题均在Proteus 仿真中实现,读者能直观地看到实验过程及结果。因此,读者若没有任何硬件平台,也完全可以掌握该技术。

本书例程均来自全国蓝桥杯嵌入式竞赛,可以在蓝桥杯竞赛板上直接运行。本书以项目驱动为宗旨,尽量减少不必要的复杂理论,重点强化应用和实战。每章配套的习题比本书讲解的例程难度稍大,建议读者在参考各章例程的基础上完成课后习题。所有习题均有解答,通过练习,不断提升编程能力。

本书资料丰富,所有重难点均配有视频讲解,读者可以在书中通过扫描二维码观看,并提供所有例程、习题的完整工程文件、Proteus 仿真电路图;为所有例程实践提供 Proteus、蓝桥杯竞赛旧学习板和最新学习板 3 个版本,读者学习时注意端口参数区别,增强应用程序的移植能力。

为进一步增强动手能力,建议读者采用独立的分模块实践平台完成实验,可以在网上购买相关分模块、元件及焊接工具等。本书资料还包括各个分模块的原理图、连线图、完整工程、分模块如何从网上购买等。本校的实践采用分模块自己接线的方式教学。本书是湖北省线上线下混合式一流课程配套教材,通过优课联盟官网可进行线上学习。

本书在编写过程中,力求采用通俗易懂的语言,引入生活实例类比,尽量降低读者入门的门槛。全书共 10 章,第 1 章介绍单片机的基本概念、应用场景及线上课程介绍;第 2 章介绍 STC51 单片机快速入门,内容包括 STC51 单片机的 I/O 端口、定时器、串行口及模块化程序设计方法；第 3 章介绍 STM32 固件库及新建工程；第 4 章介绍 STM32 输出，内容包括 STM32F103 内部结构及两个应用实例——LED 指示灯和 LCD 屏显示；第 5 章介绍 STM32 中断输入，内容包括 STM32 的中断配置及中断输入应用实例；第 6 章介绍 STM32 定时器，内容包括 STM32 的系统时钟、基本定时器及 PWM 输出；第 7 章介绍 STM32 串口 及应用实例；第 8 章介绍 STM32 的模数转换，内容包括模数转换基本原理及 STM32 的模数应用实例；第 9 章介绍 STM32 的 RTC 及应用实例；第 10 章介绍 STM32 外部存储器，内容包括 IIC 总线、EEPROM 应用实例。

　　本书由湖北工程学院郭海如、熊曾刚、李志敏、赵恒、谈怀江、万兴、蔡朝、荣芯婕、陈智、郝永图、樊先明，湖北科技学院刘江华、万青，武汉格瑞恩电子仪表有限公司工程师田刚、杨浩集体编写完成。具体分工如下：郭海如执笔字数 20 万字，负责编写 2.2 节、2.3 节及第 4～10 章的所有固件库驱动实例、例程（含操作截图）；熊曾刚负责编写第 1 章，并负责全书的审定工作；赵恒负责编写 2.1 节和 2.4 节；李志敏负责编写第 3 章；刘江华负责编写第 4 章和 5.1 节；万青负责编写 6.1.1 节、6.2.1 节和 6.3.1 节；谈怀江负责编写第 7 章和 8.1 节；万兴负责编写第 9 章和 10.1 节；田刚、杨浩、蔡朝参与本书例程及习题的编写工作。另外，参与例程及课后习题程序调试的有荣芯婕、陈智、郝永图、樊先明等，在此一并表示感谢。

　　读者学习建议：STC51 单片机结构简单，以理解原理及代码为主，STM32 标准库驱动编程以理解代码为主，为后期可能变更其他公司的处理器做准备，为提升程序移植能力打基础。采用 STM32 CubeMX 工具生成 STM32 的 HAL 库驱动代码以实践为主，以期快速上手，并使用 HAL 库从事应用项目研发。

　　教师授课建议：有关 STC51 及 STM32 标准库编程的重难点已提供在线课程视频教学内容，建议以学生自学为主，教师监督学生完成即可。教师课堂教学主要讲授基于 STM32 CubeMX 的 HAL 库实践。本书提供所有章节配套的 PPT 课件、验证通过的源代码、Proteus 电路等。本书是湖北省线上线下混合式一流课程配套教材，也是全国蓝桥杯嵌入式竞赛及智能车竞赛入门培训教材，所有课程资源以及后续的技术升级资源均可以共享。有需要的教师可登录清华大学出版社官网 www.tup.com.cn 下载。

　　本书的编写工作得到以下项目的资助和支持：湖北省教育科学规划重点课题"以赛促能"应用型本科创新能力培养模式的研究与实践(2016GA034)；湖北省教育科学规划课题基于工程教育核心理念的学科竞赛实践平台设计(2022GB070)；湖北工程学院自编教材立项课题(JC202006)；湖北工程学院教改项目"以赛促能"线上线下混合式"金课"建设研究与实践(2020C45)；湖北工程学院教改项目立体化嵌入式系统课程改革研究(2014A35)；武汉格瑞恩电子仪表有限公司的横向项目 BCM(车身控制模块)电子控制单元设计(H2021055)。

　　由于编者水平有限，书中难免会有错误和不妥之处，恳请广大读者批评和指正。

编　者

2023 年 2 月

目　　录

第1章 单片机概述

个人计算机(即 PC)和单片机的基本原理、运行机制都一样,只是外设不同,都属于计算机的范畴。本章主要简介单片机的概念、应用领域等。

1.1　单片机的概念

家用(办公用)台式机、笔记本电脑如图 1-1 所示。其特点是内部的 CPU、内存、硬盘等功能部件分开,是一个个独立的部件,如图 1-2 所示,通过主电路板(主板)连在一起。

图 1-1　台式机及笔记本电脑

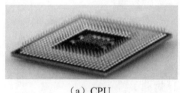

（a）CPU　　　　　　　（b）内存　　　　（c）硬盘　　　　（d）主板

图 1-2　个人计算机内部功能部件

单片机是一种集成电路芯片。将 CPU、内存、主板上的一些其他重要部件集成到一块电路板上,采用超大规模集成电路技术,将这块电路板做成指甲面大小,再做好封装,就形成了一块芯片,即单片机。图 1-3 所示为常见的单片机外部封装。

嵌入式系统在含义上与传统的单片机有很多重叠部分,为了方便区分,在实际应用中嵌入式系统还应具备以下 3 个特征。

(1) 嵌入式系统的微控制器通常由 32 位及 32 位以上的 RISC(精简指令集计算机)处理器组成。

(2) 嵌入式系统的软件系统通常是以嵌入式操作系统为核心,外加用户应用程序。

（a）双列直插式STC51单片机　　　　（b）STC51单片机　　　　（c）STM32单片机

图 1-3　常见的单片机外部封装

（3）嵌入式系统在特征上具有明显的可嵌入性。

按嵌入式微控制器类型划分,嵌入式系统可分为以单片机为核心的嵌入式单片机系统、以工业计算机板为核心的嵌入式计算机系统、以 DSP 为核心的嵌入式数字信号处理器系统、以 FPGA 为核心的嵌入式 SOPC(可编程片上系统)等。

全球单片机种类繁杂,每家公司的单片机结构不同,编程差别很大,互不兼容,编程人员若更换另一家公司的单片机,需要重新学习硬件结构、重新熟悉软件环境,上手非常慢。为了解决这一问题,英国 ARM 公司提出了一系列设计标准。该公司专门从事 CPU 和软件开发环境设计,只要采用 ARM 公司设计的处理器,其运行原理和开发环境都差不多,编程时函数名的定义也基本一致。程序员换一家公司处理器,很容易上手。因此,不采用 ARM 公司授权的处理器,程序员一般都不会选用。目前,全球中高档的处理器都采用 ARM 公司授权,例如 STM32、NXP 恩智浦、三星、高通等。

STC51 单片机内部功能部件少,适合入门。本书主要采用 STC51 单片机作为原理性的入门学习之用,重点介绍国内公司及学科竞赛应用最多的 ARM 控制器 STM32。

1.2　单片机(嵌入式)的应用

单片机(嵌入式)系统的应用前景广泛,人们将会无时无处不接触到嵌入式产品,从家里的洗衣机、电冰箱到作为交通工具的自行车、小汽车,再到办公室里的远程会议系统等。在家中、办公室、公共场所,人们可能会使用数十片甚至更多这样的嵌入式无线电芯片,组合一些电子信息设备甚至电气设备以构成无线网络;在车上、旅途中,人们利用这样的嵌入式无线电芯片可以实现远程办公、远程遥控,真正实现把网络随身携带。

单片机(嵌入式)应用领域包括以下 7 个方面。

（1）交通管理。在车辆导航、流量控制、信息监测与汽车服务。

（2）家庭智能管理系统。水、电、煤气表的远程自动抄表,安全防火、防盗系统。

（3）POS 网络及电子商务。公共交通无接触智能卡发行系统,公共电话卡发行系统,自动售货机,各种智能 ATM 终端。

（4）环境工程与自然。水文资料实时监测,防洪体系及水土质量监测、堤坝安全,地震监测网,实时气象信息网,水源和空气污染监测。

（5）机器人。使机器人更加微型化、高智能。

（6）工业控制。各种机电产品、便携设备、无线控制设备、数据采集设备、工业自动化设备以及其他需要控制处理的设备。

（7）信息家电。嵌入式系统最大的应用领域，冰箱、空调等的网络化、智能化。即使不在家里，也可以通过电话线、网络进行远程控制。

只要能够动的、与电相关的产品或设备都会用到嵌入式单片机。

1.3　线上课程及教材简介

单片机技术理论抽象，实践要求高，难以入门，线上课程主要针对零基础入门者的学习，只要有一定的 C 语言基础，初中毕业生就可以学会。讲解基本原理时，以 STC51 单片机作为入门对象，引入 Proteus 仿真直观展示，加深理解。重点讲解 STM32 应用，以 STM32F103 单片机为对象，全国蓝桥杯电子类竞赛嵌入式学习板作为实践载体，讲授如何利用标准库实现具体的功能，最后介绍 STM32 CubeMX 软件的使用，举例说明如何在蓝桥杯最新嵌入式竞赛板上实现例程的功能。讲授时以具体的实例作为驱动，用通俗易懂的语言讲解基本原理，基本理论及操作够用即可，点到为止。

线上课程的 STM32 例程主要以标准库为基础进行实战演示，熟悉标准库编程过程对提高读者驱动程序的开发及移植能力极为重要。进入工作后，发现大量项目需要采用其他公司的处理器，很多公司没有类似于 STM32 CubeMX 的底层驱动配置软件，若不熟悉标准库的使用，将会遇到很多技术瓶颈。

本书提供基于 CubeMX 的 Proteus 仿真实验，实践操作过程均有详细截图步骤，便于读者入门调试。采用本书的高校也可以在线下直接讲授基于 CubeMX 的 Proteus 仿真例程，所有实验例程与标准库例程一一对应。实践建议采用模块化实物平台，对提高读者动手实战及做项目的能力有极大作用。

该课程抽象难懂，实践性极强，课前需要把线上视频（共 9 小时左右）提前看两三遍，然后完成配套的课后习题。

STC51 单片机主要包括 Keil、Proteus 以及如何调试仿真（可参考"Keil 简单调试及仿真.docx"文档，见图 1-4），STC51 单片机采用 Keil 2（STM32 采用 Keil 4 或 Keil 5）。采用 Proteus 8.6 版本，安装时主要注意不要安装在 C 盘。Windows 10 以下的操作系统也可以安装 Proteus 7.5，安装时等待时间会短些。STM32 相关资料在后续章节介绍。

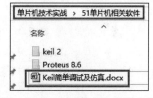

图 1-4　Keil 调试方法参考文档

其他相关软件的安装说明均在对应的文件夹中，如图 1-5 所示，按照安装说明很容易完成。

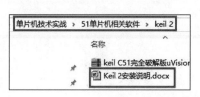

图 1-5　Keil 和 Proteus 软件安装说明

习　题　1

1. 简述 STC51 单片机与 STM32 单片机（嵌入式）的主要区别。

2. 单片机（嵌入式）的应用领域有哪些？

3. Keil、Proteus、STM32 CubeMX、立创 EDA 软件各有什么功能？

第2章 STC51 单片机快速入门

本章通过实例讲解 STC51 单片机端口控制,读者重点理解微型计算机的基本原理、单片机中断、定时器和串口的原理及应用。本章具体讲解 3 个例程,例程采用 Proteus 仿真实现。读者只要将 3 个例程理解透彻了,对 STC51 单片机即可实现快速入门。此外,本章引入日常实例类比,通俗易懂,这样可以大幅降低入门门槛;读者做习题编程时,建议只看题目及相关寄存器。

2.1 STC51 单片机 I/O 口

输入/输出(input/output,I/O)功能是单片机最基本的外设功能。不同型号的单片机,I/O 端口引脚数量也不同。

2.1.1 单片机最小系统

单片机最小系统是指在尽可能少的外部电路条件下,形成一个可独立工作的单片机系统,即为了保证单片机能够工作,所必需的最小系统配置。

单片机最小系统组成如图 2-1 所示,其中包括电源、时钟电路、复位电路以及应用系统所需的外围控制电路。

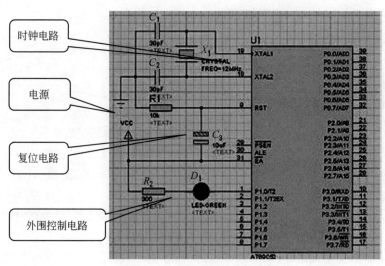

图 2-1 单片机最小系统组成

（1）电源。要保证各电路能够工作，必须有电源。例如家里的冰箱、洗衣机，在不给电时，它们是无法工作的。STC51 单片机需要 5V 直流电，分别用 V_{cc}（＋5V）和 GND（0V）表示。

（2）时钟电路。单片机是数字电路，其工作离不开时钟，因此我们必须给单片机配置时钟电路。时钟电路中的晶振 X_1 接上电容 C_1 和 C_2，跟单片机 XTAL1、XTAL2 引脚连接（见图 2-1），加上电源地等，会产生脉冲信号。电路时钟脉冲如图 2-2 所示，即电平由高（用"1"表示）变低（用"0"表示），由低变高，不断变化，由一系列"0""1""0""1"……组成。计算机（单片机）严格按照该脉冲信号有条不紊地工作。

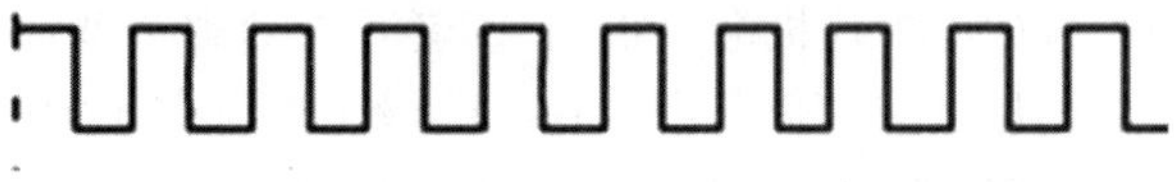

图 2-2　电路时钟脉冲

（3）复位电路。为保证单片机可靠工作，还须配置复位电路。复位引脚 RST 接上电容 C_3 及电源 V_{cc} 等，只要加电后，STC51 单片机就会自动产生复位。复位类似于计算机的重启操作，单片机工作时，可能会产生"跑飞"（死机）现象，单片机的复位功能能够保证设备正常工作。

（4）外围控制电路。在以上 3 个必要条件的基础上还要加上应用系统所需的外围控制电路。例如，要控制 LED 灯闪烁，必须增加 LED 灯电路。

2.1.2　微型计算机工作过程

1. 个人计算机工作过程

个人计算机（personal computer，PC）包括台式机和笔记本电脑，其组成主要包括 CPU、内存条和外存（硬盘）。这些功能部件分开工作，PC 运行原理如图 2-3 所示。

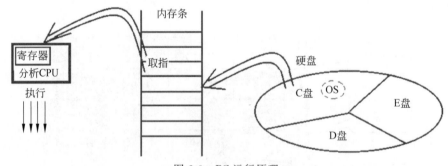

图 2-3　PC 运行原理

打开"我的电脑"后，我们能看到 C、D、E 等盘符，如图 2-4 所示。它们实质是将计算机的外部存储器——硬盘分了几个部分，每个部分取一个名字，如 C 盘、D 盘、E 盘等。一般将操作系统（operating system，OS，例如 Windows、Linux、Android 等操作系统）以文件（如手机上一张照片、一首歌等都是一个文件）的形式存放在 C 盘。开机时，操作系统对应的系统文件以二进制的形式进入内存，即一条条指令（命令）。所有指令传输至内存后，再依次进入 CPU 的寄存器，CPU 分析某条指令后，再执行该指令，接着从内存中取下一条指令，然后分析指令，再执行……其执行过程如图 2-5 所示。计算机工作时，所有指令都严格按照"取指令、分析指令、执行指令"的过程有条不紊地执行。

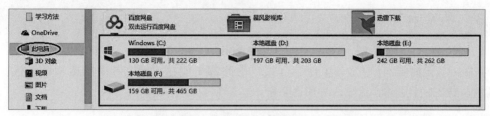

图 2-4　计算机的硬盘分区

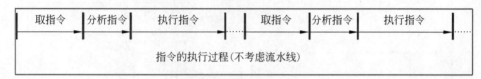

图 2-5　指令的执行流程

计算机每条指令都严格按照规定的时钟脉冲执行,比如取指令 1 需要用 4 个时钟周期、分析指令 1 需要用 2 个时钟周期,执行需要用 6 个时钟周期。如图 2-6 所示,只要 CPU 或者处理器制造好后,执行每条指令所用时钟周期的数量就是固定不变的,所以每条指令执行的时间长短只跟时钟周期(或者频率,即周期的倒数)有关。单片机执行过程跟个人计算机指令的执行过程基本类似。

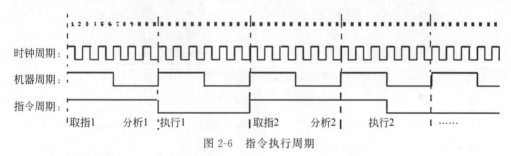

图 2-6　指令执行周期

2. 单片机的时序单位

时钟周期:又称振荡周期,它是最小的时序单位。如果时钟频率 $f_{OSC}=12\mathrm{MHz}$,则时钟周期为: $T_{OSC}=1/f_{OSC}\approx0.0833\mu s$。

机器周期:1 个机器周期由 12 个时钟周期组成,是单片机完成某种基本操作的时间单位。如果时钟频率 $f_{OSC}=12\mathrm{MHz}$,则机器周期$=12/f_{OSC}=1\mu s$。

指令周期:执行一条指令所需的时间。一个指令周期由多个(一般 1~4 个)机器周期组成,依据指令的不同而不同。

早期 80C51 单片机一共只有 111 条指令,其中两条指令需要用 4 个机器周期,其他的均为双周期或单周期指令,即每条指令执行时间为两个机器周期或一个机器周期。

若时钟频率 $f_{OSC}=12\mathrm{MHz}$,则一个机器周期为 $12/12\mathrm{MHz}=1\mu s$,单片机每执行一条指令平均用的时间不到 $2\mu s$,每秒至少可以执行 $1s/2\mu s=500000$ 条指令。因此,采用单片机系统可以把天上的飞机打下来,可以进行导弹拦截。一般个人计算机执行指令的速度会比 STC51 单片机快几个数量级。计算机工作的时候,反复调用一百多条指令,CPU 的发热量很大。

2.1.3 单片机的组成

单片机全称单片微型计算机(microcontroller unit,MCU),即将 CPU、系统时钟、RAM、ROM、定时器/计数器和多种 I/O 接口电路都集成在一块芯片上的微型计算机。单片机也是特殊的计算机,其组成如图 2-7 所示。

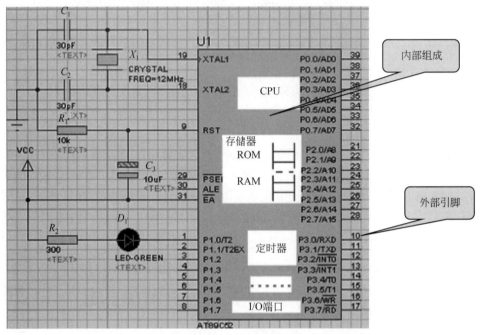

图 2-7　单片机的组成

(1) CPU。对于编程人员来讲,CPU 主要执行用户所编写的程序。例如,用户采用 STC51 所编写的程序,全部都由 CPU 来执行。

(2) 存储器。其包括 ROM(read only memory,只读存储器)和 RAM(random access memory,随机存储器)。只要提到存储器,立刻联想到自己的宿舍,宿舍有宿舍号(地址),还有别名(变量名)。每个存储器单元相当于一个宿舍单元,每个存储单元有 8 位,相当于每个宿舍有 8 个床铺,住 8 个人,每个床铺相当于存储单元内的每一位。

ROM 存放用户编写的所有程序,例如,用户所编写的 STC51 程序存放在 ROM 中,ROM 也叫程序存储器。用户编写的 STC51 程序经过编译,生成二进制文件后,变成一条条指令,存放在 ROM 中。单片机开机时,从 ROM 中的 0 号地址开始取出指令,然后分析并执行指令、再从 ROM 的下一个地址取指、分析并执行指令……

单片机中的 RAM 功能类似于 C 语言中的变量,用于临时存放数据。单片机内部特殊功能寄存器属于 RAM 中的一部分。C 语言中的变量是临时定义、临时取别名并分配存储单元,而单片机中特殊功能寄存器提前把名字取好,可以直接使用。例如,P3.4,P1.0=1。

(3) 定时器。开发人员通过编程设置能够让单片机在规定的时间执行某功能。定时器主要做加 1 运算,加满了(达到最大值)则溢出,产生中断,通知 CPU 做进一步处理。

（4）I/O 端口。在此即可给外部引脚取别名，我们可以对一组引脚（一般 8 个）或某一个引脚单独取名，例如，P3（包括 P3.0～P3.7 这 8 个引脚）对应内部 RAM 的一个"宿舍"单元，该"宿舍"单元的别名也叫 P3，它包含 8 个床铺，分别为 P3.0～P3.7，与单片机外部引脚 P3.0～P3.7 一一对应，其状态也完全一样。当执行语句 P3.0＝1 时，即让床铺 P3.0 为高电平 5V，那么外部引脚 P3.0 也为 1（对应电平为 5V）。当外部引脚 P3.0 接地（0V 对应逻辑 0），那么内部 RAM 中 P3.0 床铺也自动为 0。

2.1.4　STC51 单片机 I/O 口应用实例：闪烁灯

闪烁灯实例视频

实现功能要求：在 STC51 单片机某端口上接一个发光二极管 L1，使 L1 周期性地一亮一灭。

1. STC51 单片机闪烁灯电路

STC51 单片机闪烁灯电路图如图 2-1 或图 2-7 所示，该电路与最小系统基本一致。

发光二极管（LED 灯）具有单向导电性，左边接电源 V_{cc}（STC51 单片机的 V_{cc} 电压为 5V），右边接单片机的 1 号引脚 P1.0。

当 P1.0＝0 时，发光二极管右边为 0V，电流从 V_{cc}（＋5V）经过电阻 R_2 和 LED 灯流向 P1.0，发光二极管亮。

当 P1.0＝1 时，发光二极管右边为 5V，等于左边 V_{cc}（＋5V），没有电流经过 LED 灯，发光二极管灭。

R_2 为限流电阻，若没有该电阻，发光二极管电阻极小（相当于导线），当 P1.0＝0 时，发光二极管很快会发热烧坏（根据中学物理公式：$P = \dfrac{U^2}{R}$，U 不变，R 极小，功率 P 极大）。

另外，在实际电路中，要注意发光二极管（LED 灯）的单向导电性，接反了不能发光。

2. STC51 单片机闪烁灯编程

```
#include <REG52.H>    //包含头文件,定义了内部寄存器(取别名)
sbit L1=P1^0;         //给 P1^0(P1.0)引脚取个别名 L1(见名知意,即 LED1),相当于变量
//延时子程序:除了循环啥都不做,执行每条指令平均最多用 2μs,所以三重循环需要用一定时间
void delay02s(void)
{   unsigned char i,j,k;
    for(i=20;i>0;i--)
    for(j=40;j>0;j--)
    for(k=248;k>0;k--);
}
void main(void)
{   while(1)          //单片机一直执行下面程序段,需要结束程序时,直接关断实物电源即可
    {
        L1=0;         //即 P1.0=0 为低电平,LED 灯亮
        delay02s();   //延时
        L1=1;         //即 P1.0=1 为高电平,LED 灯灭
        delay02s();   //延时
    }
}
```

在 Proteus 中仿真时，加载 .hex 文件，加载方法如图 2-8 所示。双击单片机，选择 .hex 文件所在的目录（.hex 文件所在的位置在 Keil 中可以找到，如图 2-9 所示），将 .hex 文件加载即可。

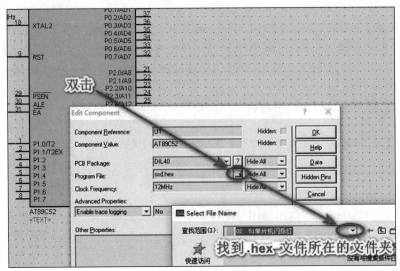

图 2-8　加载.hex 文件

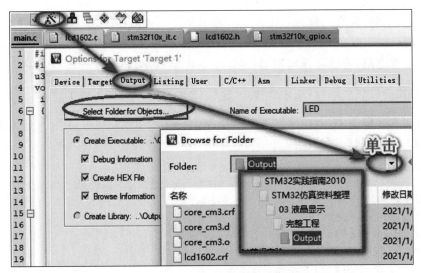

图 2-9　查看.hex 文件所在的位置

2.2　STC51 定时器

定时器在检测设备、控制设备、智能仪表等设备中应用广泛,实现定时的常用方法有软件定时和可编程定时两种。

(1) 软件定时。软件定时依靠执行一段程序来实现,这段程序本身没有具体的意义,通过选择恰当的指令及循环次数实现所需的定时。由于执行每条指令都需一定的时间,因此执行这段程序所需总的时间就是定时时间。例如,上一节所学的延时函数中的三重 for 循环。

软件定时的特点是不需要硬件电路,但定时期间 CPU 被占用(CPU 要执行 for 循环,原因是用户所有代码均由 CPU 来执行),增加了 CPU 的开销,定时时间不宜过长。而且定时期间,如果发生中断(执行过程中,进入其他程序运行),定时时间就会出现误差,定时不准。

(2)可编程定时。可编程定时通过对系统时钟脉冲的个数进行计数来实现。通过程序来设置计数初值,改变计数初值也就改变了定时时间,使用起来非常灵活。由于定时器和 CPU 是两个不同的功能部件,定时器可以与 CPU 并行(同时)工作,因此,采用定时器定时不影响 CPU 的效率,且定时时间精确。

2.2.1 定时器原理

定时器原理

1. 定时中断

定时器工作时一般采用中断方式进行,STC51 单片机有 5 个中断源,相当于有 5 位同学可能随时来敲门,每个同学相当于一个中断源。当某位同学来敲门时,相当于中断申请。STC51 单片机的 5 个中断源分别为外部中断 0、定时器 0、外部中断 1、定时器 1、串行口,分别对应于编号:中断 0、中断 1、中断 2、中断 3、中断 4,英文表示为 interrupt0、interrupt1、interrupt2、interrupt3、interrupt4。

计算机在工作时,突然外部产生了请求信号,计算机暂停当前程序去处理其他事情,等处理完之后再继续执行当前程序。类似于在听歌过程中,中间突然有人打来电话,接完电话后,再继续听歌,这个过程类似于中断。

中断触发:别人打我的电话,手机突然响了相当于中断触发。听歌的过程中若有人拍自己一下,让小点声,然后暂停听音乐,调一下声音,声音调小之后继续听歌。别人拍自己一下,也相当于中断触发。定时器会做加 1 运算,加 1、加 1、加 1……加满了(达到它所能表示的最大数)就会触发中断,向 CPU 发出定时溢出中断请求,发出中断请求相当于有人来敲门。

2. STC51 单片机定时原理

STC51 单片机内部含两个定时器 T0、T1,其原理完全一样。以定时器 T0 为例,其原理如图 2-10 所示。首先,TH0 和 TL0 组合在一起共 16 位,最大值为 $65535 = 2^{16} - 1$,相当于人手的 10 根手指(最大值为 10)。

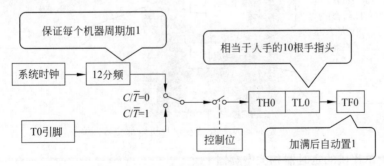

图 2-10　STC51 单片机内定时器 T0 原理图

最大值 $2^{16} - 1$ 计算方法:定时器共 16 位,最大值为 111……1,共 16 个 1,即 $2^{16} - 1$。例如,3 位最大十进制数为 $999 = 10^3 - 1$,16 位最大二进制数计算方法与 3 位最大十进制数计算方法类似。

定时器工作过程类似于扳手指头计数：假如每个人一共有 10 根手指头，先伸出 3 根手指头，然后，加 1、加 1、再加 1……并且每加 1 一次就伸出一根手指头。当加到 7 次 1 之后，刚好加到了 10，即 10 根手指头全部都伸出来了，再加 1，没手指头了，怎么办？就要告知 CPU 已经加满了(产生溢出)，没有手指头了，于是产生定时中断申请，相当于有人来敲门。假如每隔 1s 加 1，最初伸出 3 根手指头，那么从 3 开始加 1，到产生溢出中断一共用了 8s。改变最初伸出手指的个数，就可以改变定时时间。

最初伸出的 3 根手指(就叫"初值")，加了 7 次 1，所有 10 根手指(最大值)用完，再加一次 1，一共加了 7+1=8 次 1，所以得到关系式：初值+"1"的次数=最大值+1。假如每隔 1s 加一次 1，则初值为 3 时，定时时间为：$1\times(10-3+1)=8s$。

T0 定时器的 TH0(8 位)和 TL0(8 位)合在一起相当于 10 根手指头，共 8+8=16 位。最大值为 $2^{16}-1=65535$，65535 这个数相当于 10 根手指的最大值 10。初值输入 TH0 和 TL0 中，调整初值就可以调整定时时间。STC51 定时器编程的实质，就是对初值进行调整。

假设 STC51 单片机最小系统的外部晶振频率为 12MHz，图 2-10 中的系统时钟频率也为 12MHz，进行 12 分频(即周期扩大 12 倍)后，得到 1MHz 的时钟，即一个机器周期。这个时钟作为定时器加 1 的时间间隔，即每隔 $1/1MHz=10^{-6}s(1\mu s)$ 加一次 1，或者说每一个机器周期加一次 1。

当 STC51 单片机内部 TH0、TL0 加满(全部为 111……1，即 65535)后，再加一次 1，就产生溢出，TF0 自动地变为 1，表示产生了定时器中断请求。STC51 单片机的定时器及寄存器在单片机内部位置示意图如图 2-11 所示，其中 TH、TL 相当于宿舍，TF 相当于床铺，均属于 RAM。当单片机开始工作后，TH 和 TL 内部数据从初始值开始加 1，加到 65535 后，再加 1，产生中断，TF 自动等于 1。

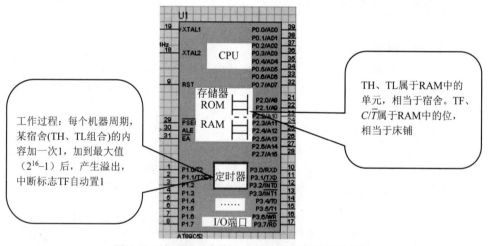

图 2-11　定时器及寄存器在单片机内部位置示意图

3. STC51 单片机的定时器相关寄存器

单片机(控制器)硬件编程主要是对单片机内部的特殊功能寄存器进行设置。跟 STC51 单片机内部定时器相关的特殊功能寄存器示意图如图 2-12 所示。首先，特殊功能寄存器属于单片机内部的 RAM，类似于 C 语言中的变量，只是这些变量提前取好了名字，不需要自定义(取名)，可以直接拿来用。定时器控制寄存器 TCON，相当于一个宿舍，共 8

位,每位相当于一个床铺,每一个床铺代表一定的含义。对单片机驱动编程主要就是对这些床铺置 1 或清零。

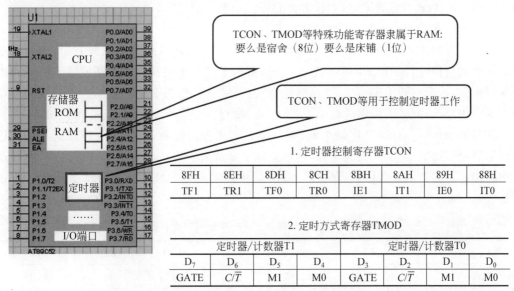

1. 定时器控制寄存器 TCON

8FH	8EH	8DH	8CH	8BH	8AH	89H	88H
TF1	TR1	TF0	TR0	IE1	IT1	IE0	IT0

2. 定时方式寄存器 TMOD

定时器/计数器 T1				定时器/计数器 T0			
D_7	D_6	D_5	D_4	D_3	D_2	D_1	D_0
GATE	$C/\overline{T}$	M1	M0	GATE	$C/\overline{T}$	M1	M0

图 2-12　STC51 单片机内部定时器相关的特殊功能寄存器示意图

定时器控制寄存器的表格中,上一行 8FH～88H 表示每个床铺的编号(床铺的地址),下一行 TF1～IT0 表示每个床铺的别名。

定时方式寄存器 TMOD 也相当于一个宿舍,内部也有 8 个床铺,其中左 4 个床铺针对 T1 进行设置,右 4 个床铺针对 T0 进行设置,中间一行 D_7～D_0 表示对床铺进行编号,即床铺 0、床铺 1、床铺 2……床铺 7。最后一行也表示床铺的别名。

每个床铺代表的具体含义如下。

TF0/TF1:定时器/计数器 T0 或 T1 的溢出中断标志。为 1,表示定时器/计数器的计数值(图 2-10 中的 TH、TL 值)已由全 1 变为全 0,正向 CPU 发中断请求。

TR0/TR1:定时器/计数器 T0 和 T1 的启停控制位。为 0 时,定时器/计数器停止工作;为 1 时,启动定时器/计数器工作。

可选择的定时器/计数器工作方式(M1M0)如下所示。

00,方式 0:13 位计数器。

01,方式 1:16 位计数器。

10,方式 2:自动重装载的 8 位计数器。

11,方式 3:定时器 0 分成两个独立的 8 位计数器。

工作方式:类似于手机设置的模式,手机可以设置为正常模式、会议模式、户外模式及飞行模式,功能大同小异,只是细节上有区别。定时器的工作方式基本原理都差不多:TH、TL 赋初值,TR=1 之后,TH、TL 开始不断地加 1、加 1……加满了(达到最大值),再加 1,超过了表示范围,产生溢出;TF 自动地等于 1,向 CPU 申请中断。TH、TL 继续加 1、加 1、加 1……。

在入门学习时,其他位的含义只需要了解一下。

GATE=0 时,只要 TR0=1,与门的输出就为 1,开始计数。

如果 GATE 为 1，只有 TR0＝1，并且 INT0＝1 时，才允许计数。

$C/\overline{T}$：定时方式/计数方式的选择控制位。为 0，选定时方式，计数脉冲来自系统时钟的 12 分频；为 1，选计数方式，计数脉冲来自外部电路。

4. STC51 单片机中断相关的寄存器

STC51 单片机有 5 个中断源，相当于有 5 位同学可能随时敲门来找我有事，当我暂停手上的事情，打开门，处理某同学事务的时候，相当于产生了中断。处理某同学事情时相当于执行中断；处理完相关事情之后，再继续做自己的事情，相当于中断返回。这 5 位同学相当于 5 个中断源；同学们可以通过敲门、打电话、发 QQ 短信等方式找我，相当于中断申请。

定时器溢出后，向 CPU 申请中断，相当于有人来敲门找我，但我不一定开门；另外，还可以限制敲门的人。比如，允许班长来，禁止学习委员来找我。在 STC51 单片机中，可以通过中断相关寄存器的某些位（床铺）进行设置。中断的允许和禁止——中断控制寄存器 IE 如表 2-1 所示。

表 2-1　中断的允许和禁止——中断控制寄存器 IE

EA	—	ET2	ES	ET1	EX1	ET0	EX0
中断总控		T2	串行口	T1	$\overline{INT1}$	T0	$\overline{INT0}$
允许/禁止		允许/禁止	允许/禁止	允许/禁止	允许/禁止	允许/禁止	允许/禁止

EA：中断总控开关。EA＝1，CPU 打开总中断；EA＝0，CPU 关闭总中断。相当于手机设置飞行模式，抑或任何人来敲门找我，我都不响应。

ET0/ET1/ET2：定时器中断允许位，为 1，允许；为 0，禁止。相当于有人敲门了，我不一定开门，必须设置允许后，才开门并响应中断。ET0、ET1、ET2 分别对应定时器 T0、T1、T2。

STC8XX51/52 单片机的每个中断源对应于 IE 寄存器的一位，如果允许该中断源中断，则该位置 1；禁止该中断源中断，则该位清零。例如，允许 T0 定时器产生中断，则需要编程 ET0＝1。

5. STC51 单片机定时器的工作方式

(1) 方式 0。方式 0 的计数器由 13 位构成，用得比较少。

(2) 方式 1。方式 1 与方式 0 工作形式基本相同，只是方式 1 的计数器由 16 位构成，其中高 8 位在 TH 中，低 8 位在 TL 中，当计数器产生溢出时，TF 位被置 1，向 CPU 发出中断请求。在方式 1 下，计数器产生溢出时，TH、TL 又从零开始加 1、加 1……不能进行初始计数值的自动重新装载。例如，当伸出手指进行定时模拟时，一共伸出 10 根手指头，最先伸出 3 根手指（即初值为 3），当 TR＝1 时，开始加 1、加 1……加到 10 之后，再加 1，产生溢出，然后手指头从零开始，继续加 1、加 1……这不是自动重装载。若加到 10 后，再加 1，溢出后，手指从初值 3 开始继续加 1、加 1……则称作自动重装载。

(3) 方式 2。该方式表示 8 位自动重装载。注意，在方式 2 下，用于存放加 1 数值的寄存器（宿舍）只有 8 位，最大值为二进制 11111111（127d），即加到十进制数 127 后，再加 1，产生溢出。编程时，TH、TL 都同时赋初值，当 TR＝1 时，TL 开始加 1、加 1、加 1……加到 127 时，加满了，再加 1 就产生溢出；TF 自动地等于 1，向 CPU 申请中断。TH 中的初值立刻传给 TL,TL 继续从初值开始加 1、加 1……所有这些过程均由硬件自动完成。

（4）方式 3（略）。

6. STC51 单片机定时器时间常数的计算

如果单片机需要进行周期性的工作,就应该让定时器 T0 或 T1 工作在定时方式,并且给 T0 或 T1 赋以一个初始计数值。在 T0 或 T1 被启动后,每个机器周期使计数器中的计数值加 1,计数器产生溢出后,将再次给计数器赋初值（该值被称为时间常数）。例如,一只手共 5 根手指,伸出 3 根手指,每隔 1s 加一次 1,从 3 开始加 1、加 1。达到最大值 5 后,再加 1,则产生溢出,申请中断,然后又从初值 3 开始加 1、加 1……周而复始。这个初值 3 就是时间常数。从初值 3 开始加 1,到溢出申请中断,一共用了 5s−3s＋1s＝3s。

时间常数计算方法:

$$\text{加 1 的次数} \times \text{加 1 时间间隔} = \text{定时时间}$$
$$\text{初值} + \text{加 1 的次数} = \text{最大值} + 1$$
$$\text{初值} = \text{最大值} + 1 - \text{加 1 的次数}$$

例如,要求定时 10ms,外部晶振频率为 12MHz,求时间常数。

解:外部晶振频率为 12MHz,即时钟频率为 12MHz,周期为 1/12ms,那么,一个机器周期为（1/12MHz）×12＝1/1MHz＝1μs。

每个机器周期加一次 1,则加 1 时间间隔为 1μs。

若定时 10ms,则加 1 的次数为 10ms/1μs＝10000 次。

初值:$2^{16} - 1 + 1 - 10000 = 65536 - 10000 = 55536$。

初值输入 TH 和 TL 中,TH 中存放高 8 位二进制数,TL 中存放低 8 位二进制数,组合在一起,共 16 位。

计算方法:TH＝55536/256,TL＝55536％256。

理解记忆方法:例如,将十进制数 2569 高两位和低两位分别取出来得到
$$25 = 2569/(10^2) \quad 69 = 2569 \% (10^2)$$

类似 TH＝55536/(2^8),TL＝55536％(2^8)。

若定时 0.5s,可以做 0.5s/10ms＝50 次。

2.2.2　STC51 单片机定时器应用实例:定时闪烁灯

功能要求:在单片机某端口上接一个发光二极管 L1,使 L1 周期性地一亮一灭,闪烁间隔为 0.5s,晶振的频率 f＝12MHz。

STC51 定时器电路图如图 2-13 所示,跟上一节 STC51 闪烁灯的图 2-1 类似,只是定时时间由 STC51 单片机内部的定时器控制,精确控制闪烁灯的时间。实现功能跟上一节也基本一样,所以外围电路也一样。上一节定时功能的实现是使用 for 循环多次,定时的时间长短不好精确确定,而本节要求精确定时 0.5s,要用到单片机内部的定时器。

STC51 定时闪烁灯编程如下。

```
#include <REG52.H>          //包含头文件,定义了内部寄存器(取别名)
#define uchar unsigned char  //用 uchar 代替字符类型
sbit L1=P1^0;               //给 P1^0(P1.0)引脚取个别名 L1(见名知意,即 LED1),
                            //相当于变量,并且只有 1 位,一个床铺
```

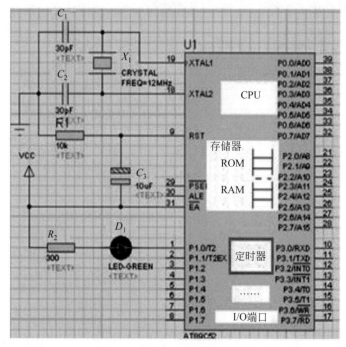

图 2-13   STC51 定时器电路图

```
uchar icount;                        //记录溢出次数
void main(void)                      //主程序
{   icount = 0;                      //记录溢出次数的变量赋初值
    TMOD = 0x01;                     //设定 T/C0 工作在定时器方式 1:计数溢出后从零开始继
                                     //续加 1、加 1……16 位定时器(最大计数值为 2^16-1=65535)
    L1 = 1;                          //关掉 LED 灯
    TH0 = (65536-10000)/256;         //装载高 8 位计数初值:最大值+1-计数次数
    TL0 = (65536-10000)%256;         //装载低 8 位计数初值:最大值+1-计数次数
    EA = 1;                          //开放中断,相当于取消手机飞行模式,其他人就可以来找我
    ET0 = 1;                         //开放 T0 中断,相当于允许某人来敲门找我
    TR0 = 1;                         //启动 T0,定时器 0 开始工作:加 1、加 1、加 1……
    while(1);                        //主程序一直等待
}
void timer0_10ms(void) interrupt 1   //中断程序:定时器溢出后产生中断进入该程序
{   TH0 = (65536-10000)/256;
    TL0 = (65536-10000)%256;         //重置计数初值
    icount++;                        //溢出次数加 1,每中断一次的时间间隔:10000μs=10ms
    if(icount == 50)                 //溢出 50 次,所用时间共 10ms×50=0.5s
    {   icount = 0;                  //达到 0.5s 时,溢出次数清零
        L1 = !L1;                    //控制灯闪烁,取反操作
    }
}
```

注意:interrupt 1 表示定时器 0 产生中断后,程序就转入该中断服务程序中执行。1 表示中断编号。

STC51 单片机的中断编号分别表示的含义如下。

0：外部中断 0。

1：定时器 0 中断。

2：外部中断 1。

3：定时器 1 中断。

4：串行口中断。

该程序的核心思想：main 函数中 while(1)在执行过程中，每隔 10ms 就会执行一次 interrupt 1 定时器中断。执行完之后，继续回到 while(1)死循环。

2.3 STC51 串行口

前面章节学习的对象都只有一块单片机，本节讲解的对象是两块单片机交换信息或者单片机与其他设备交换信息。串口在工业领域使用非常广泛，通常蓝牙、Wi-Fi 等通信模块的使用，本质也是对串口进行编程。

2.3.1 认识串行通信

串口原理

1. 数据通信的概念

计算机的 CPU 与外部设备之间、计算机与计算机之间的信息交换称为数据通信。基本的通信方式有并行通信和串行通信两种。

并行通信示意图如图 2-14 所示。假如要把十六进制数据 93H 从发送方传送给接收方，首先把 93H 转换为二进制 10010011B，按照图示电路图，每一位都用导线连接好，一次传送 8 位，同时传输，1 次可以传完。发送方的 D_7、D_6……D_0 称为输出，接收方的 D_7、D_6……D_0 称为输入。D_7、D_6……D_0 组合在一起也称作端口。接收数据的本质是：让接收方的电平等于发送方的电平。例如，发送方的 $D_7=1$，传送给接收方时，D_7 引脚的电压约等于 5V，因为发送方、接收方的 D_7 通过导线连接在一起，接收方检测该导线的电压也约等于 5V，即表示数据"1"，然后将该数据"1"保存在接收方的存储器内。

串行传输时，通过一根导线把所有数据都传输到接收方，例如，同样传输 93H（10010011B），首先将最右边（最低位）"1"传给接收方，下一时刻再传输次低位"1"……最后传输最高位"1"。分时传送，一次传 1 位，分 8 次传完。串行通信示意图如图 2-15 所示。

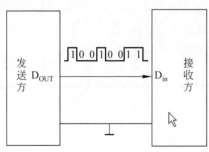

图 2-14 并行通信示意图

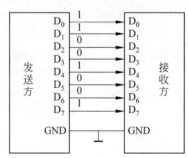

图 2-15 串行通信示意图

17

第 2 章

2. 异步串行通信

串行通信涉及两个或多个单片机交换信息,类似于人跟人之间交流信息,需要遵守共同的语法、规则,需要有个约定。假如一名不懂汉语的外国人和一名不懂外语的中国人,就很难进行交流。串行通信也需要双方遵守相同的规定、协议,它具有相同的语法格式,异步串行通信的帧格式如图 2-16 所示。异步串行通信的数据或字符是一帧一帧地进行传送,一帧数据由 1 位低电平的起始位、5～8 位数据位、1 位奇偶校验位(通常可以省略)、1 或 2 位高电平的停止位组成。

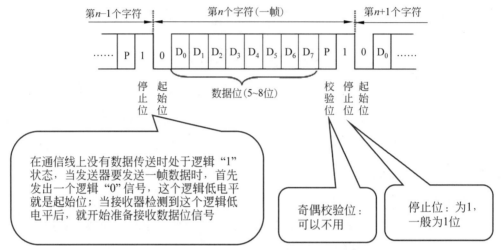

图 2-16　异步串行通信的帧格式

传输数据最常用的方式是:先发送起始位 0,再发送 8 位数据,最后发送停止位 1。例如图 2-15 中,要发送数据 93H(10010011B)至接收方,发送方首先发送 0,然后依次发送 1、1、0、0……1(二进制数据从左往右,从低位往高位依次发送),最后发送 1。发送完之后,传输线保持停止位 1 高电平不变,直到下次再发送数据时,变成 0 之后,继续下一次发送。所以每次发送数据时,数据线会产生一个由高变低的下降沿信号。接收方一直检测数据线的电平,当检测到数据线产生一个下降沿后,就开始接收数据。

3. 通信方式

串行通信有单工通信、半双工通信和全双工通信 3 种方式。图 2-17 所示为串口通信方式示意图。

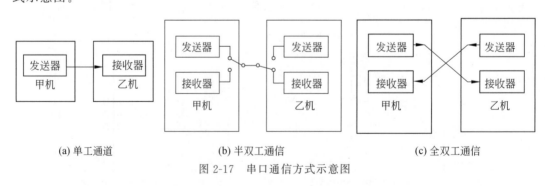

(a) 单工通道　　　　　　　(b) 半双工通信　　　　　　　(c) 全双工通信

图 2-17　串口通信方式示意图

(1) 单工通信。单工通信是指数据只能单方向地从一端向另一端传送。在图 2-17(a)

中，只能从甲机传给乙机。

（2）半双工通信。半双工通信是指数据可以双向传送，既可以从甲机传送至乙机，也能从乙机传送至甲机，但同一时刻只能朝一个方向传送，要么从甲机传送给乙机，要么从乙机传送给甲机，即分时双向传送数据。

（3）全双工通信。全双工通信是指数据可同时向两个方向传送，在任一时刻，数据既可以从甲机传给乙机，同时，也可以从乙机传给甲机。全双工通信效率最高，适用于计算机之间的通信。单片机中一般都采用全双工方式，既可以发送也可以同时接收数据。

4. 波特率

串行通信类似于两个人收发图书，假如甲同学手中有 10 本书，每隔 1s 发 1 本书给乙同学，那么乙同学也要每隔 1s 接收一本书；若乙同学每隔 2s 接一本书，就会有一半的书没有收到。两个同学收书的时间间隔要相同，每秒收发几本书相当于波特率。波特率是通信中对数据传输速率的规定，指每秒传输二进制数据的位数，单位为"位/秒"（bit/s）。收发双方需要采用相同的波特率，否则出错。

串行口收发数据的实现是将二进制数据一位一位地进行移位，每收发一位就移位一次。波特率发生器：在串行传输中，产生移位时钟的电路。

5. 通信线的连接

通常串行通信近距离传输只需要连接 3 根线（连接 TXD、RXD 和 GND），连线示意图如图 2-18 所示。发送方的串行数据发送线（transmit data，TXD）与接收方的串行数据接收线（receive data，RXD）引脚相连，所以图 2-18 中是交叉连线。在实践中交叉线的连接非常容易出错，需要重点注意。另外，收发双方的 GND（地线）相连。STC51 单片机具体引脚如图 2-19 所示，RXD 和 TXD 分别对应于单片机的 10、11 号引脚，即 P3.0 和 P3.1 引脚。

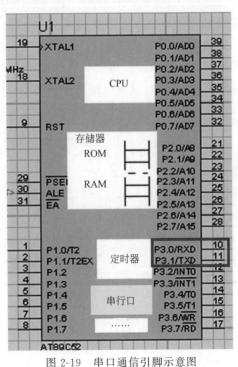

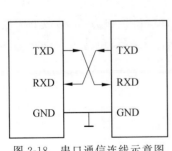

图 2-18　串口通信连线示意图　　　　　图 2-19　串口通信引脚示意图

2.3.2　认识 STC51 单片机的串行口

STC51 单片机的串行口是一个可编程的全双工异步通信接口,可以同时发送和接收数据。

1. STC51 单片机串行口结构

STC51 单片机的串行口通信示意图如图 2-20 所示。假设要求数据从 A 机发送给 B 机,此时只需要将 A 机的发送引脚 TXD 跟 B 机的 RXD 引脚相连,两个地线 GND 相连。发送之前,要把 A 机和 B 机的波特率设置为相同,否则会出错。B 机需要设置为允许接收,A 机和 B 机需要单独编写程序,两者遵守相同的串口通信协议。

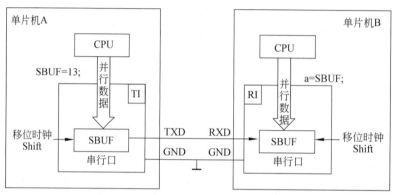

图 2-20　STC51 单片机的串行口通信示意图

当 A 机需要发送 13(二进制数为 00001101)时,直接写程序 SUBF＝13,则 A 机自动启动发送,二进制数据从左到右顺序依次移位,通过导线传送到 B 机。假设不考虑奇偶校验,发送数据之前 A 机的 TXD 引脚一直为高电平,启动发送时,该引脚自动为 0,即产生下降沿。当 B 机检测到下降沿后,开始接收数据。A 机产生下降沿后,再发送 00001101 的最低位 1,B 机接收 1,再依次发送 0、1、1……0(即二进制数 00001101 依次右移位),B 机依次接收这些数据。所有数据发送完之后,A 机的 TXD 引脚自动变成高电平 1,表示发送结束。B 机接收完 8 位数据后,这 8 位数据存放在 B 机的 SBUF 寄存器中,收到停止位 1 之后,也保持高电平 1 不变,等下一次再检测到下降沿后,继续接收数据。

当 A 机发送完一帧数据之后,床铺 TI(transmit)位自动地置 1,编程时可以根据该标志位决定下一步操作,并且在下一次发送之前,TI 要清零(即 TI＝0)。

当 B 机接收完一帧数据之后,床铺 RI(receive)位自动地置 1,编程时可以根据该标志位决定下一步操作,一般是取走数据,并且在下一次接收数据之前,RI 也清零(即 TI＝0)。

2. 串行口的控制寄存器

(1) 串行通信控制寄存器 SCON。STC51 单片机串行口的工作方式、接收和发送控制及串行口的状态标志都是由寄存器 SCON(相当于宿舍名)来控制和指示。寄存器 SCON 各位地址、位名如表 2-2 所示。

表 2-2　寄存器 SCON 各位地址、位名

位地址	9FH	9EH	9DH	9CH	9BH	9AH	99H	98H
位名	SM0	SM1	SM2	REN	TB8	RB8	TI	RI

位地址表示给每个床铺编号,位名表示给每个床铺取一个别名。其中 SM0、SM1 组合在一起有 4 种情况 00、01、10、11,分别表示 4 种工作方式,如表 2-3 所示。当 SM0、SM1 分别为 0、1 时,表示工作方式 1,串口每帧发送 8 位数据(加上起始位 0 及停止位 1,一共 10 位),其波特率由定时器 T1 的溢出率决定。

表 2-3 串行口工作方式选择位

SM0	SM1	工作方式	功　能	波特率
0	0	0	8 位移位寄存器	$f_{osc}/12$
0	1	1	8 位的 UART	由定时器 T1 的溢出率决定
1	0	2	9 位的 UART	$f_{osc}/32$ 或 $f_{osc}/64$
1	1	3	9 位的 UART	由定时器 T1 的溢出率决定

REN(receive enable):允许接收位 REN＝1 时,允许接收数据;REN＝0 时,禁止接收数据。单片机开启允许接收(即 REN＝1)之后,会不断检测接收引脚,当检测到下降沿后(由 1 变为 0),开始接收数据。

TI(transmit interrupt):发送中断标志。当数据发送完后,硬件自动将该位置 1。因此 TI＝1,表示一帧数据已发送结束,其状态可供程序查询,也可请求中断。TI 必须用程序清零。

RI(receive interrupt):接收中断标志。当接收到停止位时,该位由硬件置 1。因此 RI＝1,表示串行口已接收完一帧数据,其状态可供程序查询,也可请求中断。RI 必须用程序清零。

(2) PCON 寄存器。PCON 寄存器中只有其最高位(SMOD 位)与串行通信有关,其他位则用于电源管理。PCON 寄存器各位地址、位名如表 2-4 所示。

表 2-4 PCON 寄存器各位地址、位名

位地址	B7	B6	B5	B4	B3	B2	B1	B0
位名	SMOD	—	—	—	GF1	GF0	PD	ID

SMOD:波特率加倍位。当该位设置为"1"时,所设定的波特率被加倍。为"0"时,不加倍。例如,方式 1 的波特率公式如下。

$$波特率 = \frac{2^{SMOD}}{32} \times 定时器\ T1\ 溢出率$$

波特率初值可以采用软件进行计算。使用方法:找到对应的目录后,打开"51 波特率初值设定.exe"程序,在打开的对话框中设置串口的相关参数,单击"确定"按钮即可,如图 2-21 所示。

(3) 串行口的应用。

方式 0:串行口工作方式 0 又称为"移位寄存器方式",该功能跟数字电路中移位器功能一样。

方式 1:方式 1 是异步串行通信方式,以 TXD 为串行数据发送端,RXD 为数据接收端,每帧数据共 10 位(一个起始位 0,8 个数据位,一个停止位 1。其中起始位和停止位由硬件

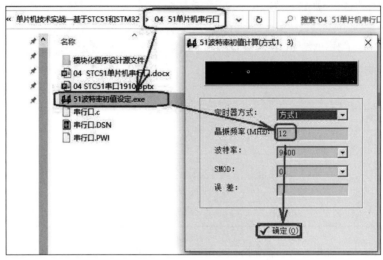

图 2-21　波特率初值的软件计算

电路自动插入)。例如,发送 18 这个数据,18＝00010010(B,二进制),数据发送按从左到右,从高位到低位,依次移出。发送的二进制数为:…1011…1100010010011…1→,具体二进制数含义如图 2-22 所示。开始位为 0,其右边的 1 表示上帧数据发送完后一直保持高电平 1 状态。结束位 1 的左边均为 1,直到下一次发送数据时,才变为 0(即下一帧的"开始位 0")。所以接收方一直检测 RXD 引脚,出现下降沿"由高变低,由 1 变 0"时,开始接收数据。

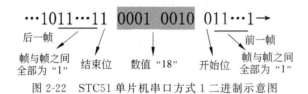

图 2-22　STC51 单片机串口方式 1 二进制示意图

方式 1 下,波特率由定时器 T1 的溢出率(每秒溢出的次数)和 SMOD 共同决定。

具体应用时,根据波特率,用软件计算定时器初值,计算过程如图 2-21 所示。

方式 1 发送程序的编写方法如下。

① 根据波特率,对定时器 T1 进行初始化。

② 设置控制寄存器 SCON,选择串口方式 1。

③ 清除 TI 标志,TI＝0。

④ 将数据送入发送缓冲器 SBUF。当 SBUF 中的数据发送完毕,硬件电路自动将 TI 标志置 1。

⑤ 如果还有数据要发送,重复③～⑤。

方式 2、方式 3(略)。

2.3.3　STC51 单片机串口应用实例：串行口发送编程

串行口实
例视频

功能要求：在 STC51 单片机上编写发送程序,将数据发送至其他设备。

STC51 单片机发送仿真电路图如图 2-23 所示。本例程只需要发送数据即可,其他的设备负责接收数据,因此,该例程只需要注意 11 号发送引脚 TXD。该电路图实际上只是一个最小系统,我们在 TXD 引脚接上仿真仪表即可。

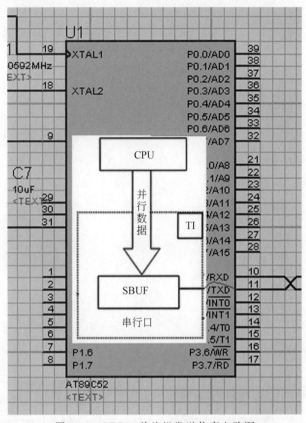

图 2-23 STC51 单片机发送仿真电路图

```
#include <reg52.h>
#include <intrins.h>
char code str[] = "Welcome to HBEU\n\r";   //待发送的字符串
void send_str();
main()
{ int j;
  TMOD = 0x20;                        //定时器 1 工作于 8 位
  //自动重载模式,用于产生波特率,需要查看 TMOD 寄存器每一位含义
  TH1 = 0xFD;                         //波特率 9600
  TL1 = 0xFD;                         //可以使用软件计算
  SCON = 0x50;                        //串口工作方式 01010000
  PCON &= 0x7f;                       //波特率不倍增
  TR1 = 1;                            //启动定时器 1
  IE = 0x0;                           //禁止任何中断
  while(1)                            //持续发送字符串
  {
    send_str();                       //传送字符串"Welcome……"
    for(j=1;j<200;j++);               //发送完字符串后延迟
  }
}
```

第
2
章

```
void send_str()                        //传送字符串函数
{ unsigned char i = 0;
  while(str[i] != '\0')
  {   SBUF = str[i];                    //启动串口发送,数据传送开始
     while(!TI);      //等待一帧数据(包含起始位"0",结束位"1",共 10 位二进制数)传送完毕
     TI = 0;                            //清除数据传送标志
     i++;                               //下一个字符标号
  }
}
```

仿真结果如图 2-24 所示,该图中下方显示的是发送字符串"Welcome to HBEU",上方显示的是所发送字符串的波形图。

将发送的字符串:

```
char code str[] =  "Welcome to HBEU\n\r";
```

改为

```
char code str[] = "W";
//W 的 ASCII 码 87 对应二进制数为 01010111
//先低后高发送,波形图如图 2-25 所示
while(1)
{   send_str();               //传送字符串"W"
    for(j=1;j<200;j++);       //中间高电平为 for 延时
}
```

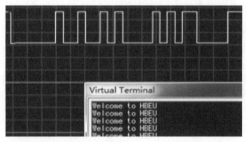

图 2-24　STC 单片机串口发送仿真结果

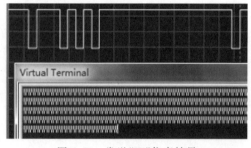

图 2-25　发送"W"仿真结果

当只发送"W"时,不断发送其 ASCII 码 01010111,在它前面插入开始位 0,后面插入结束位 1,两帧数据之间一直保持 1(高电平)不变,对应的二进制字符串如图 2-26 所示。这些二进制字符串依次从左往右移出,产生的波形(0 对应低电平,1 对应高电平)与图 2-25 一一对应。注意方向:图 2-26 中二进制字符串依次从左往右移出,图 2-25 中的波形依次从左往右生成,因此图 2-25 中波形图对应的高低电平与图 2-26 的二进制字符串从图示上看逆序对应。

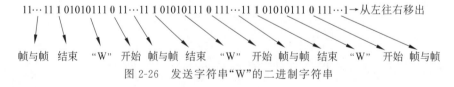

图 2-26　发送字符串"W"的二进制字符串

2.4 模块化程序设计方法

2.4.1 模块化程序设计方法简介

当工程比较大，程序比较长时，采用模块化程序设计方法，结构清晰，便于多人合作，便于程序调试。

采用模块化程序设计方法时，需要程序员自己编写.h头文件，代码实例如下：

```
#ifndef __KEYBOARD_H__
#define __KEYBOARD_H__
unsigned char scan_keyboard(void);
#endif
```

采用#ifndef…#define…#endif(如果没有定义某头文件，那么定义该头文件，最后结束判断)结构是常见的写法，该结构可以避免重复包含。

如何将比较大的工程，程序代码比较长的文件转换为模块化程序设计，需要注意下列几点。

(1) 将相关联函数存入一个.c文件中，并把对应的变量放入。

(2) 建立对应的.h文件，包含.c文件的所有函数。

(3) 主函数中包含对应的头文件。

(4) 主函数中遇到未定义的变量，但在其他文件中已定义过，用extern关键字重新定义，放在主函数上方。

(5) 每个.c文件编译时，不会公用main函数中所包含的头文件，所以其他.c文件也要单独包含需要用到的头文件，例如：

```
#include "reg52.h"        //定义51单片机特殊功能寄存器
```

2.4.2 模块化编程实例

假如把一个较大的工程代码分成了几个文件(见图2-27)，将所有源文件(.c和.h文件)复制到工程所在的文件夹，将所有的.c文件加载到工程中，加载方法如图2-28所示，加载后的工程文件结构如图2-29所示。.h文件不需要手动加载，由于程序中有编译预处理的包含命令(#include ****.h)，编译时会自动将.h文件包含进去，最后编译链接、调试即可。

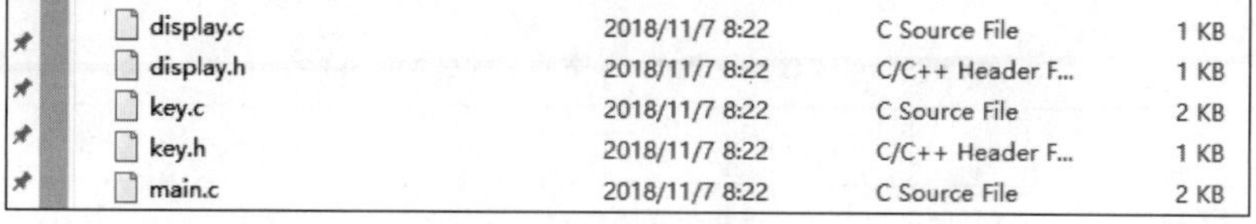

金课单片机 > 单片机技术实战——基于STC51和STM32 > 04 51单片机串行口 > 模块化程序设计源文件			
名称	修改日期	类型	大小
display.c	2018/11/7 8:22	C Source File	1 KB
display.h	2018/11/7 8:22	C/C++ Header F...	1 KB
key.c	2018/11/7 8:22	C Source File	2 KB
key.h	2018/11/7 8:22	C/C++ Header F...	1 KB
main.c	2018/11/7 8:22	C Source File	2 KB

图 2-27　模块化编程文件

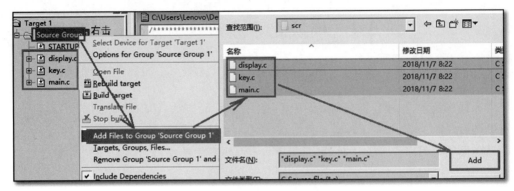

图 2-28　加载 .c 文件步骤

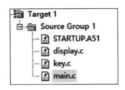

图 2-29　加载 .c 文件后的工程结构

习　题　2

1. 分别编程实现调整闪烁灯亮灭时间：闪烁灯"亮"时间为"灭"时间的 2 倍,闪烁灯"灭"时间为"亮"时间的 3 倍。

2. 在 STC51 单片机某端口上接一个发光二极管 L1,使 L1 周期性地一亮一灭,闪烁间隔为 0.5s,晶振的频率 $f=12\text{MHz}$。(要求除了题目,其他任何资料不可以参考)

相关寄存器包括以下几个。

(1) TMOD 定时方式寄存器。

TMOD 定时方式寄存器位地址、位名如表 2-5 所示。

表 2-5　TMOD 定时方式寄存器位地址、位名

	定时器/计数器 T1				定时器/计数器 T0			
位地址	D_7	D_6	D_5	D_4	D_3	D_2	D_1	D_0
位名	GATE	$C/\bar{T}$	M1	M0	GATE	$C/\bar{T}$	M1	M0

(2) TCON 定时控制寄存器。

TCON 定时控制寄存器位地址、位名如表 2-6 所示。

表 2-6　TCON 定时控制寄存器位地址、位名

位地址	8FH	8EH	8DH	8CH	8BH	8AH	89H	88H
位名	TF1	TR1	TF0	TR0	IE1	IT1	IE0	IT0

TR0/TR1：定时器/计数器 T0 和 T1 的启停控制位。

（3）中断控制寄存器 IE。

中断控制寄存器 IE 的允许和禁止如表 2-7 所示。

表 2-7　中断控制寄存器 IE 的允许和禁止

EA	ET2	ES	ET1	EX1	ET0	EX0
中断总控	T2	串行口	T1	$\overline{\text{INT1}}$	T0	$\overline{\text{INT0}}$
允许/禁止	允许/禁止	允许/禁止	允许/禁止	允许/禁止	允许/禁止	允许/禁止

EA：中断总控开关。

ET0/ET1/ET2：定时器中断允许位。

3. 通过编程实现该功能：让 STC51 单片机的串行口不停地向其他设备发送字符串 "Welcome to Xiao Gan"。（要求除了题目，其他任何资料不可以参考）

相关寄存器包括以下几个。

（1）TMOD 定时方式寄存器。

TMOD 定时方式寄存器位地址、位名如表 2-8 所示。

表 2-8　TMOD 定时方式寄存器位地址、位名

	定时器/计数器 T1				定时器/计数器 T0		
位地址	D_7	D_6	D_5	D_4	D_3	D_2	D_1	D_0
位名	GATE	$C/\overline{T}$	M1	M0	GATE	$C/\overline{T}$	M1	M0

（2）TCON 定时控制寄存器。

TCON 定时控制寄存器位地址、位名如表 2-9 所示。

表 2-9　TCON 定时控制寄存器位地址、位名

位地址	8FH	8EH	8DH	8CH	8BH	8AH	89H	88H
位名	TF1	TR1	TF0	TR0	IE1	IT1	IE0	IT0

（3）中断控制寄存器 IE。

中断控制寄存器 IE 的允许和禁止如表 2-10 所示。

表 2-10　中断控制寄存器 IE 的允许和禁止

EA	ET2	ES	ET1	EX1	ET0	EX0
中断总控	T2	串行口	T1	$\overline{\text{INT1}}$	T0	$\overline{\text{INT0}}$
允许/禁止	允许/禁止	允许/禁止	允许/禁止	允许/禁止	允许/禁止	允许/禁止

（4）串行通信控制寄存器 SCON。

串行通信控制寄存器 SCON 位地址、位名如表 2-11 所示。

表 2-11　串行通信控制寄存器 SCON 位地址、位名

位地址	9FH	9EH	9DH	9CH	9BH	9AH	99H	98H
位名	SM0	SM1	SM2	REN	TB8	RB8	TI	RI

TI：发送中断标志。RI：接收中断标志。

串行口工作方式选择位如表 2-12 所示。

表 2-12　串行口工作方式选择位

SM0	SM1	工作方式	功　　能	波　特　率
0	0	0	8 位移位寄存器	$f_{osc}/12$
0	1	1	8 位的 UART	由定时器 T1 的溢出率决定
1	0	2	9 位的 UART	$f_{osc}/32$ 或 $f_{osc}/64$
1	1	3	9 位的 UART	由定时器 T1 的溢出率决定

（5）PCON 寄存器。

PCON 寄存器位地址、位名如表 2-13 所示。

表 2-13　PCON 寄存器位地址、位名

位地址	B_7	B_6	B_5	B_4	B_3	B_2	B_1	B_0
位名	SMOD	—	—	—	GF1	GF0	PD	ID

SMOD：波特率加倍位。当该位设置为"1"时，所设定的波特率被加倍。

第 3 章 STM32 固件库概述

本章主要介绍 STM32 标准固件库及采用 CubeMX 生成工程,熟悉标准固件库之后,其他的 ARM 库只要学习两三天就可以上手做项目,尤其是基于 CubeMX 的 HAL 库与标准库有 90% 以上的相同之处。标准库比 HAL 库简单,更容易掌握、入门;HAL 库更抽象、复杂,更适用于应用。后面所有章节的学习要求读懂标准库代码,再采用 HAL 库编程。企业项目若采用其他公司芯片,一般在标准库基础上进行移植,故建议学好标准库,便于今后企业项目的对接。

3.1 为什么学习 STM32

在嵌入式领域 STM32 芯片介于低端和高端之间,它相较于普通的 8/16 位机有更多的片上外设,更先进的内核架构,可以运行 μC/OS 等实时操作系统;相较于可运行 Linux 操作系统的高端处理器,其具有成本低、实时性强的特性。这个定位使得 STM32 不仅占领了大部分中端控制器的市场,更是成为提升开发者技术的优良过渡平台,为后续的学习打下坚实的基础。

学习 STM32 主要参考资料如下。

① 固件库:嵌入式项目决赛现场资料\STM32 固件库 v3.5\stm32f10x_stdperiph_lib\ STM32F10x_StdPeriph_Lib_V3.5.0。

② STM32F10x 固件库中文解释 V2.0.pdf:…\单片机技术实战\STM32 相关资料。

③ STM32_CN.pdf(即参考手册):…\嵌入式项目决赛现场资料\文档。

④ stm32f103rbt6.pdf:…\嵌入式项目决赛现场资料\文档。

⑤ 蓝桥杯嵌入式备赛手册:https://blog.csdn.net/Zach_z/article/details/80548423。

⑥ 原理图文件:…\嵌入式项目决赛现场资料\CT117E 电路原理图.pdf。

⑦ 零死角玩转 STM32-V2.pdf:…\单片机技术实战\STM32 相关资料。

相关资料目录如图 3-1 所示。该参考资料主要来自蓝桥杯电子类竞赛嵌入式项目的现场资料。对于初学者来讲,固件库先使用中文解释版比较适合,建议学习一段时间后,尽量使用英文版。

(a)　　　　　　　　　　　　　　　　(b)

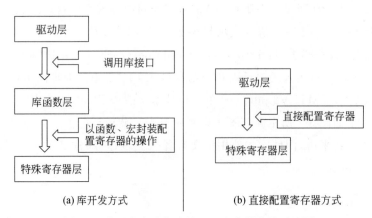

(c)

图 3-1　参考资料目录

3.2　STM32 库简介

1. STM32 库

STM32 库是由 ST 公司针对 STM32 提供的函数接口,即 API(application program interface)。开发者可调用这些函数接口来配置 STM32 的寄存器,使开发者得以脱离底层的寄存器操作,它有开发快速、易于阅读、维护成本低等优点。图 3-2 是库开发方式与直接配置寄存器方式对比图。STC51 单片机是采用直接配置寄存器方式,编程时需要找到每个特殊功能寄存器中每一位的具体含义,需要查找某个宿舍某个床铺的具体含义。而库开发方式可以直接调用固件库中现成的函数,类似于 C 语言中学过的 printf() 函数,这个 printf() 函

```
驱动层
  ↓ ↑  调用库接口
库函数层
  ↓ ↑  以函数、宏封装配
        置寄存器的操作
特殊寄存器层

(a) 库开发方式
```

```
驱动层
  ↓ ↑  直接配置寄存器
特殊寄存器层

(b) 直接配置寄存器方式
```

图 3-2　库开发方式与直接配置寄存器方式对比图

数在系统的 stdio.h 文件中做了定义,系统已经定义好了该函数,用户直接包含头文件,直接调用即可,不需要用户自己编写。程序员只需要调用库函数就可以,不需要查找具体含义。

　　STM32 处理器由 ARM 内核及芯片内部的其他功能部件(片内外设)组成,如图 3-3 所示。其中 CPU 和调试系统由英国 ARM 公司设计,整个 STM32 处理器由意法半导体公司设计。英国 ARM 公司不设计具体的处理器,只设计内核及调试系统,只卖授权给其他生产公司。采用 ARM 公司架构的处理器工作原理基本一致,开发界面调试系统也基本一致,函数名的定义也基本相同,英国 ARM 公司设计的 CPU 内核已成为行业标准。麒麟 9000 是华为公司设计的高端处理器,也采用 ARM 内核。

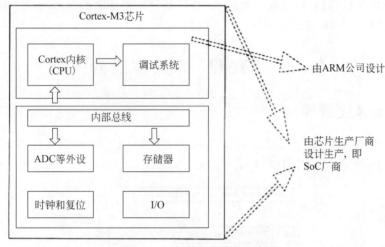

图 3-3　内核与片内外设的关系

　　STM32 处理器应用系统层次结构如图 3-4 所示。用户根据具体的功能需求进行扩展的外设称为片外外设,例如,LED 灯、数码管、按键等,片外外设直接跟芯片外部引脚相连。芯片内部的 CPU 由 ARM 公司设计,称为 ARM 内核。芯片内部除了 ARM 内核之外,其他功能部件称为片内外设,例如,I/O 端口、定时器、串行口、AD、DA 等功能部件。

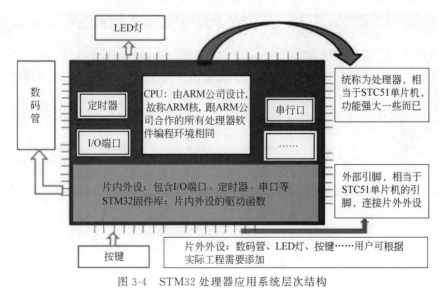

图 3-4　STM32 处理器应用系统层次结构

STM32 固件库概述

2. CMSIS 标准

CMSIS(cortex microcontroller software interface standard)实际是新建了一个软件抽象层,是 ARM 与芯片厂商建立的软件接口标准。CMSIS 标准中最主要的是 CMSIS 核心层,它包括以下几层。

(1) 内核函数层:由 ARM 公司提供,其中包含用于访问 CPU 寄存器的名称、地址定义。

(2) 设备外设访问层:由芯片生产商提供,提供了片上的片内外设的地址和中断定义。

(3) CMSIS 层:位于硬件层与操作系统或用户层之间,可以为接口外设、实时操作系统提供简单的处理器软件接口,屏蔽了硬件差异,对软件的移植有极大的好处。STM32 固件库就是按照 CMSIS 标准建立的。

3.3　STM32 库文件简介

3.3.1　重要库文件简介

获取 ST 库源码相关资料目录及文件如图 3-5 所示。解压库文件后进入其目录:stm32f10x_stdperiph_lib\STM32F10x_StdPeriph_Lib_V3.5.0。

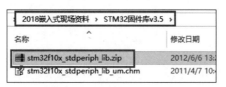

图 3-5　ST 库目录及文件

STM32 固件库文件如图 3-6 所示。固件库的本质就是大量函数的集合,为了便于管理,开发商将相关联的函数放在不同的文件中固件库主要由大量.c 和.h 文件组成,编程时,开发者可根据不同的片内外设加载相应的 C 语言源代码文件。

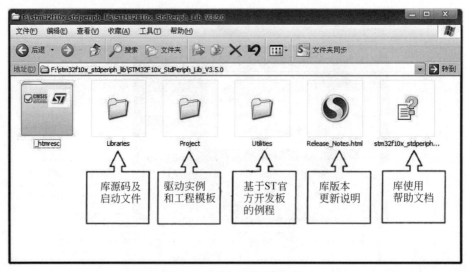

图 3-6　STM32 固件库文件

Libraries 文件夹下是驱动库的源代码及启动文件。

Project 文件夹下是官方用驱动库写的实例和一个工程模板,编程时,开发者可以打开相关实例工程文件,根据需要将这些代码移植到自己的程序中。

库使用帮助文档主要介绍如何使用驱动库来编写自己的应用程序。该文档是全英文的,建议读者学习一段时间入门之后,尽量参考该英文文档。初入门时可以参考中文文档。

在使用库开发时,开发者需要把 Libraries 目录下的库函数文件添加到工程中,并查阅库帮助文档来了解 ST 提供的库函数,这个文档说明了每一个库函数的使用方法。

(1) core_cm3.c 文件。该文件用于引导片内外设进入 ARM 核。core_cm3.c 文件还有一些与编译器相关的条件编译语句,用于屏蔽不同编译器的差异。在 core_cm3.c 文件中包含了 stdin.h 头文件,它是一个 ANSI C 文件,是独立于处理器之外的,就像 C 语言头文件 stdio.h 一样。core_cm3.c 位于 RVMDK 这个软件的安装目录下,主要作用是提供一些新类型定义。这些新类型定义屏蔽了在不同芯片平台时,出现的诸如 int 的大小是 16 位还是 32 位的差异。所以在以后的程序中,都将使用新类型如 uint8_t、uint16_t 等。

(2) system_stm32f10x.c 文件。该文件由 ST 公司提供,其中包括片内外设的启动文件、外设寄存器定义和中断向量定义层的一些文件。这个文件在时钟配置时很关键。

(3) stm32f10x.h 文件。stm32f10x.h 文件非常重要,是一个非常底层的文件。它包含了 STM32 中寄存器地址和结构体类型定义。

(4) 启动文件。

① 启动文件的类型。不同的文件对应不同的芯片型号,使用时要根据不同的芯片型号加载不同的启动文件,如图 3-7 所示。这里启动文件的目录为…STM32 固件库 v3.5\STM32F10x_ StdPeriph _ Lib _ V3. 5. 0 \ Libraries \ CMSIS \ CM3 \ DeviceSupport \ ST \ STM32F10x\startup\arm。

图 3-7　不同型号处理器对应的启动文件

图 3-7 的文件名中英文缩写的含义如下。

ld:low-density,小容量,Flash(闪存)容量小于 64KB。

md:medium-densit,中容量,Flash 容量为 64～128KB。

hd:high-density,大容量,Flash 容量为 256～512KB。

xl:超大容量,Flash 容量为 512～1024KB,STM32F101/103xx 系列。

cl:connectivity line devices,互联型产品,STM32F105/107xx 系列。

vl:value line devices,超值型产品,STM32F100xx 系列。

配套的竞赛板有 64KB Flash,该产品是属于中等密度产品,选择 startup_stm32f10x_md.s。

② 启动文件的作用。在 C 语言代码运行之前,需要由汇编语言为 C 语言的运行建立一个合适的环境,接下来才能运行程序。中断服务程序名称都在这里定义。编写中断服务程序时,首先需要到启动文件中找到对应的中断服务程序名称。例如,用记事本打开其中的一个启动文件,如图 3-8 所示;该启动文件中 SysTick_Handler 表示系统时钟中断服务程序名,EXTI0_IRQHandler 表示外部中断线 0 的中断服务程序名,EXTI1_IRQHandler 表示外部中断线 1 的中断服务程序名……中断服务程序的名称已经定义好,编程时不能更改,否则不能执行。

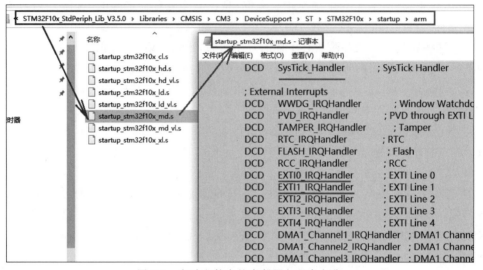

图 3-8　启动文件中的中断服务程序名称

（5） STM32F10x_StdPeriph_Driver 文件夹。StdPeriph_Driver 片内外设驱动文件夹下有 inc(include,里面是.h 头文件) 和 src(source,里面是.c 源代码文件) 这两个文件夹,如图 3-9 所示。

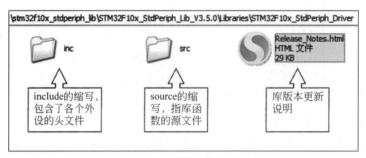

图 3-9　片内外设驱动文件夹

在 src 和 inc 文件夹里的就是 ST 公司针对每个 STM32 外设编写的库函数文件,每个外设对应一个.c 和一个.h 文件。这类外设文件统称为 stm32f10x_ppp.c 或 stm32f10x_ppp.h 文件,ppp 表示外设名称。

例如针对模数转换(ADC)外设,在 src 文件夹下有一个 stm32f10x_adc.c 源文件,在 inc

文件夹下有一个 stm32f10x_adc.h 头文件。若开发的工程中用到了 STM32 内部的 ADC，则至少要把这两个文件包含到工程里，如图 3-10 所示。

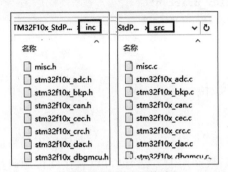

每个外设驱动库函数对应
一个头文件和一个源文件

图 3-10 片内外设驱动的源文件及头文件

src 文件夹中还有一个很特别的 misc.c 文件，这个文件提供了外设对内核中的 NVIC（中断向量控制器）的访问函数，配置中断时必须把这个文件添加到工程中。

（6）stm32f10x_it.c 和 stm32f10x_conf.h 文件。stm32f10x_it.c 是专门用来编写中断服务函数的，中断服务函数由用户添加。该文件可以在启动文件中找到，具体内容可查阅库启动文件的源码。stm32f10x_conf.h 文件用来配置使用了什么外设的头文件，用这个头文件可以很方便地增加或删除上面 Driver 目录下的片内外设驱动函数库。如代码清单 3-1 的代码配置表示使用了 gpio、rcc、spi、usart 的外设库函数，其他注释掉的部分表示没有用到。文件编译之后，在 main 函数包含的头文件里面可以找到它。

代码清单 3-1 stm32f10x_conf.h 文件配置固件库。

```
1. / * Includes ------------------------------------------------ * /
2. / * Uncomment/Comment the line below to enable/disable peripheral
      header file inclusion * /
3. //#include "stm32f10x_adc.h"
4. //#include "stm32f10x_bkp.h"
5. //#include "stm32f10x_can.h"
6. //#include "stm32f10x_cec.h"
7. //#include "stm32f10x_crc.h"
8. //#include "stm32f10x_dac.h"
9. //#include "stm32f10x_dbgmcu.h"
10. //#include "stm32f10x_dma.h"
11. //#include "stm32f10x_exti.h"
12. //#include "stm32f10x_flash.h"
13. //#include "stm32f10x_fsmc.h"
14. #include "stm32f10x_gpio.h"
15. //#include "stm32f10x_i2c.h"
16. //#include "stm32f10x_iwdg.h"
17. //#include "stm32f10x_pwr.h"
18. #include "stm32f10x_rcc.h"
19. //#include "stm32f10x_rtc.h"
20. //#include "stm32f10x_sdio.h"
```

STM32 固件库概述

```
21. #include "stm32f10x_spi.h"
22. //#include "stm32f10x_tim.h"
23. #include "stm32f10x_usart.h"
24. //#include "stm32f10x_wwdg.h"
25. //#include "misc.h" /* High level functions for NVIC and SysTick(add on to
CMSIS functions) */
```

3.3.2　使用库帮助文档

1. 常用资料

（1）STM32F10x 固件库中文解释 V2.0.pdf。在使用库函数时，开发者可通过查阅此文件来了解库函数原型或库函数调用的方法，也可以直接阅读源码里面的函数说明。如图 3-1 所示的②号文件，打开该文件后，可以直接搜索函数名，或者在目录里查找，函数名的首字母按照字典顺序排列。每个函数和数据类型都符合见名知意的原则，在开发软件的时候，开发者在用到库函数的地方，直接把库帮助文档中函数名称复制并粘贴到工程文件就可以了。

（2）STM32_CN.pdf。该文件即参考手册，如图 3-1 所示的③号文件。参考资料中提到了数据手册，就必须去查阅一下。其中把 STM32 的时钟、存储器架构及各种外设、寄存器都描述得清清楚楚。如果对 STM32 库函数的实现方式感到困惑，就可查阅这个文件。

（3）stm32f103rbt6.pdf。该文件是如图 3-1 所示的④号文件。在该文件中可以查找引脚描述，包括各引脚的默认功能、复用功能和重映射功能。

2. 库函数

库函数就是 STM32 固件库文件中为用户编写好的函数接口。只要调用这些库函数，就可以对 STM32 进行配置，达到控制目的。开发者可以不知道库函数是如何具体实现的，只需要知道函数的功能、可传入的参数及其含义和函数的返回值。

3.4　编译下载 LCD 程序

1. LCD 现成程序

在图 3-11 所示的目录中找到现成的工程，双击打开 CT117E-LCD.uvproj 工程文件。打开工程文件之后，如图 3-12 所示，其中有 3 个按钮可以编译程序。

图 3-11　现成的工程文件

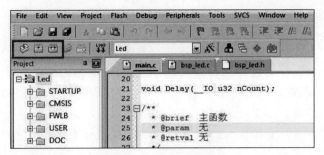

图 3-12　打开的工程文件

2. 编译程序

第 1 个按钮（Translate）：负责编译当下修改过的文件，检查一下有没有语法错误，并不会去链接库文件，也不会生成可执行文件。

第 2 个按钮（Build）：负责编译当下修改过的工程，它包含了语法检查、链接动态库文件、生成可执行文件。

第 3 个按钮（Rebuild）：负责重新编译整个工程，跟 Build 按钮实现的功能是一样的，但有所不同的是，它是重新编译整个工程的所有文件，耗时巨大。

综上，当编辑好程序之后，只需要用第 2 个 Build 按钮就可以，既方便又省时。第 1 个按钮跟第 3 个按钮用得比较少。

3. 下载程序

按照下列 5 点下载程序至开发板中。

（1）安装好驱动程序，比较新的操作系统一般安装最新的驱动程序，前几年的操作系统安装早期的驱动程序。

（2）按下载器配套的使用说明，连接好硬件。

（3）设置下载器，根据对应的下载器进行相关设置。购买下载器时，卖方一般都会提供设置方法。

（4）一键下载，单击 Download 按钮，如图 3-13 所示，可以将程序下载到 STM32 处理器中。

（5）若在现有工程基础上修改代码，可以省掉很多配置过程。

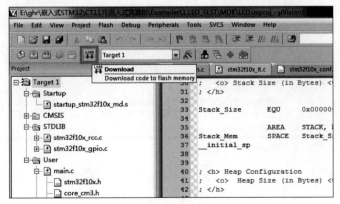

图 3-13　一键下载程序

STM32 固件库概述

3.5 新 建 工 程

基于标准库新建工程的过程比较烦琐，主要包括组织相关文件夹及文件、复制相关文件、Keil 设置等，建议直接采用 STM32 CubeMX 生成工程或者在已经建好工程的基础之上根据功能要求进行修改。

下面用最精简的方法介绍在 STM32 CubeMX(Version 5.3.0，如图 3-14 所示)下新建工程的过程。

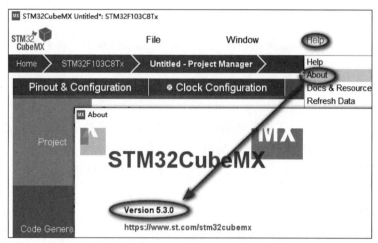

图 3-14　查看 STM32 CubeMX 版本

（1）选择 File→New Project，新建工程，如图 3-15 所示。提示下载一些压缩包后，可以单击 Cancel 按钮(下载速度较慢)，如图 3-16 所示。

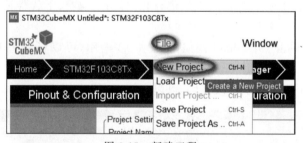

图 3-15　新建工程

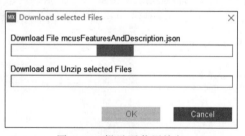

图 3-16　提示下载压缩包

（2）选择型号，以 STM32F103C8 为例，如图 3-17 所示。若没有相关型号，需要下载。

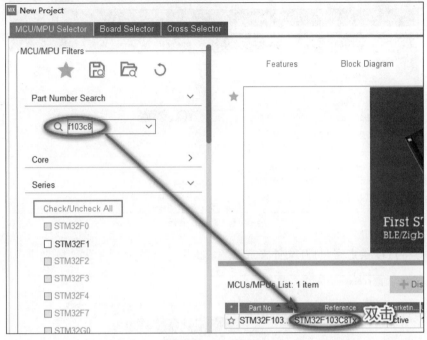

图 3-17　选择型号

（3）给工程取名，设置保存位置，生成 Keil 5 的 MDK 工程，如图 3-18 所示。其他配置采用默认设置。

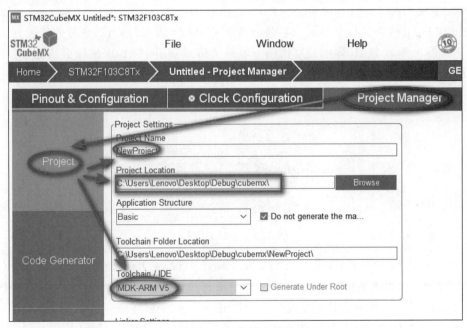

图 3-18　工程管理设置

（4）生成工程，如图 3-19 所示，单击 GENERATE CODE 按钮，生成代码。

图 3-19　生成工程

（5）等待进度条走完，打开文件夹或工程，如图 3-20 所示。

图 3-20　打开文件夹或工程

（6）采用 STM32 CubeMX 自动生成的文件夹，如图 3-21 所示。本实例采用 STM32 CubeMX 生成 HAL（hardware abstract layer，硬件的抽象层）工程，HAL 库与标准库的主要区别是：HAL 库的文件名和函数名前面增加了 HAL（或 hal）标识，命名的其他方面几乎一致，熟悉标准库后 HAL 库的程序代码很容易读懂。采用 HAL 库编程更便捷，对硬件的配置更简单、直观。

图 3-21　工程文件夹

（7）打开并编译工程，如图 3-22 所示。编译工程后没有任何错误（0 Error(s)，0 Warning(s)）。编程人员可以在 main.c 文件中添加代码，也可以在工程中增加其他中层库（如 LCD、IIC 等相关驱动文件），实现特定的功能。

自动生成工程的文件组织如图 3-23 所示。Application/MDK-ARM 用来放启动代码，Application/User 用来存放用户自定义的应用程序，Drivers/STM32F1xx_HAL_Driver 用来存放片内外设的库文件，Drivers/CMSIS 一般用来存放中层库文件。

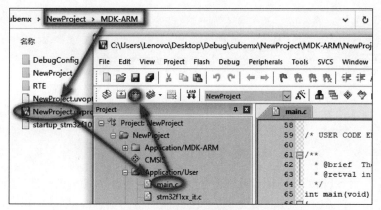

图 3-22　打开并编译工程

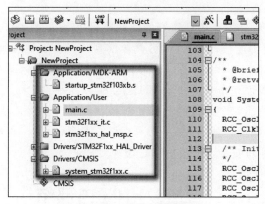

图 3-23　工程文件组织

习　题　3

1. 简述 STM32 结构及标准库层次关系。
2. 简述 STM32 处理器应用系统层次结构。
3. 采用 STM32 CubeMX 软件自动生成工程主要有哪些步骤？

STM32 固件库概述

第 4 章　　STM32 输出

本章主要介绍 STM32 的输出，分别介绍 LED 灯和液晶屏显示两个实例。LED 灯例程是 STM32 的第一个实例，需要多看几遍，后面其他例程的编程方式都差不多。读者重点理解 STM32 端口跟 STC51 单片机端口的区别、STM32 单片机时钟、端口操作等，注意原理图和驱动程序的对应关系。

液晶屏输出例程主要介绍蓝桥杯竞赛的液晶屏显示，重点注意 LCD 中层库函数的应用及 LCD 跟 STM32 的引脚连接，中层库函数具体实现只需要大概了解过程，重在应用。

所有例程均采用 STM32 标准库和 HAL 库编程实现，采用标准库编程在蓝桥杯嵌入式开发板上实现，跟线上课程完全对应。采用 HAL 库编程并在 Proteus 仿真中实现，实现的功能完全一致，并提供功能完全一致的蓝桥杯新开发板 HAL 库例程。HAL 库函数比标准库多了关键字 hal，其他基本一致，含义及用法都相差不大，熟悉了标准库后 HAL 库可以无师自通。从本章开始，注重实战，理论与 STC51 单片机相通。

4.1　STM32F103 内部结构

4.1.1　STM32F103 地址映射

地址映射就是将芯片上的寄存器，甚至 I/O 等资源与物理地址建立一一对应的关系。如果某地址对应着某寄存器，就可以运用 C 语言的指针来寻址并修改这个地址所在内存单元的内容，从而实现修改该寄存器的内容。

Cortex-M3 有 32 根地址线，所以它的寻址空间大小为 $2^{32}\,bit=4Gbit$。ARM 公司设计时，预先把这 4GB 的寻址空间大致地分配好了。它把 $0x40000000\sim0x5FFFFFFF(512MB)$ 的地址分配给片上外设。通过把片上外设的寄存器映射到这个地址区，就可以简单地以访问内存的方式，访问这些外设的寄存器，从而控制外设的工作。这样，片上外设可以使用 C 语言来操作，Cortex-M3 存储器映射如图 4-1 所示。stm32f10x.h 文件中重要的内容就是把 STM32 的所有寄存器进行地址映射。

4.1.2　STM32F103 总线外设

STM32F103 不同的外设是挂载在不同的总线上，如图 4-2 所示，重点注意连接 APB1 和 APB2 的片内外设。在后续章节学习驱动编程时，大部分片内外设挂载到 APB1 和 APB2 总线，需要开启相应的时钟。

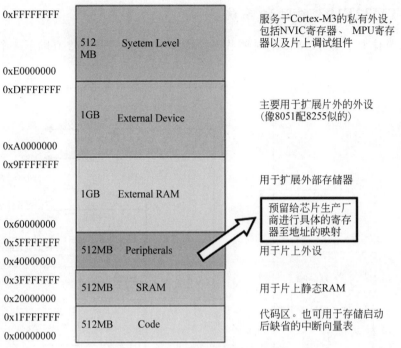

图 4-1　Cortex-M3 存储器地址映射

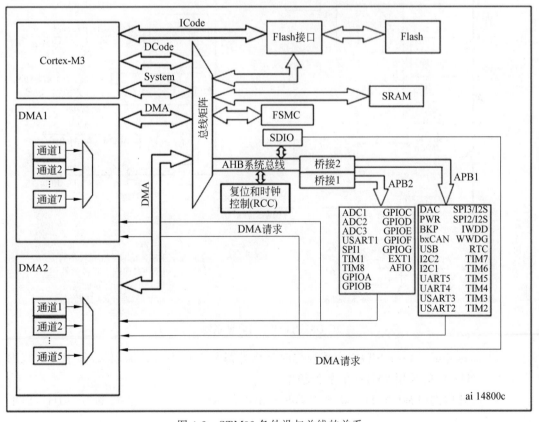

图 4-2　STM32 各外设与总线的关系

STM32 输出

4.1.3 STM32F103 的时钟系统

首先从整体上了解 STM32 的时钟系统,如图 4-3 所示。STM32 有以下 4 个时钟源。

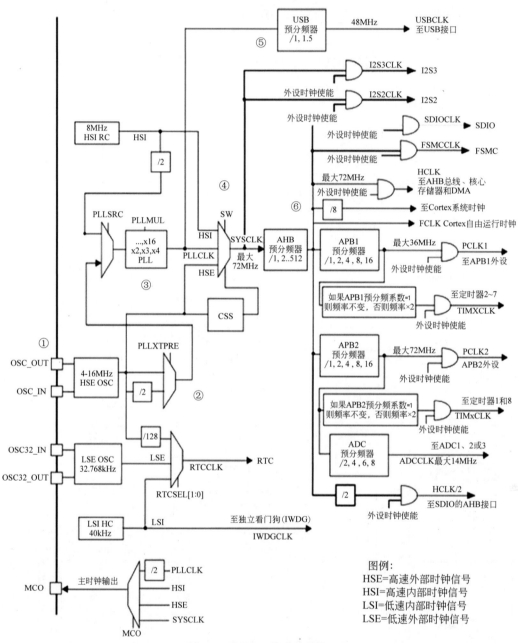

图 4-3 STM32 的时钟系统

(1)高速外部时钟(HSE)。高速外部时钟以外部晶振作为时钟源,晶振频率可取范围为 4~16MHz,一般采用 8MHz 的晶振频率。

(2)高速内部时钟(HSI)。高速内部时钟由内部 RC 振荡器产生,频率为 8MHz,但不稳定。

（3）低速外部时钟（LSE）。低速外部时钟以外部晶振作为时钟源，主要提供给实时时钟模块，所以频率一般采用 32.768kHz。

（4）低速内部时钟（LSI）。低速内部时钟由内部 RC 振荡器产生，也主要提供给实时时钟模块，频率大约为 40kHz。

以最常用的高速外部时钟（HSE）为例分析，假定在外部提供的晶振频率为 8MHz，相关原理图如图 4-4 所示。

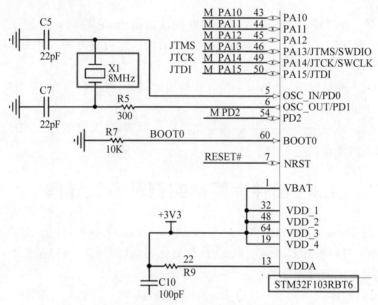

图 4-4　STM32 外接晶振原理图

（1）从左端的 OSC_OUT 和 OSC_IN 开始，这两个引脚分别接到外部晶振的两端。

（2）8MHz 时钟遇到了第一个分频器 PLLXTPRE。在这个分频器中，可以通过寄存器配置，选择它的输出。它的输出时钟可以是对输入时钟的二分频或不分频。一般默认选择不分频，所以经过 PLLXTPRE 后，还是 8MHz 的时钟。

（3）8MHz 的时钟遇到开关 PLLSRC，可以选择其输出，输出为高速外部时钟或是高速内部时钟。这里选择输出为 HSE，接着遇到锁相环 PLL，具有倍频作用，在这里可以输入倍频因子 PLLMUL。经过 PLL 的时钟称为 PLLCLK。倍频因子设定为 9 倍频，也就是说，经过 PLL 之后，时钟从原来 8MHz 的 HSE 变为 72MHz 的 PLLCLK。

（4）紧接着又遇到了一个开关 SW，经过这个开关之后就是 STM32 的系统时钟 SYSCLK 了。通过这个开关，可以切换 SYSCLK 的时钟源，可以选择 HSI、PLLCLK 或 HSE。选择 PLLCLK 时钟，所以 SYSCLK 就为 72MHz 了。

（5）PLLCLK 在输入到 SW 前，还流向了 USB 预分频器，这个分频器输出为 USB 外设的时钟（USBCLK）。

（6）回到 SYSCLK，SYSCLK 经过 AHB 预分频器，分频后再输入到其他外设。如输出到称为 HCLK、FCLK 的时钟，还直接输出到 SDIO 外设的 SDIOCLK 时钟、存储器控制器 FSMC 的 FSMCCLK 时钟，以及作为 APB1、APB2 的预分频器的输入端。本例设置 AHB

预分频器不分频,即输出的频率为 72MHz。

(7) GPIO 外设是挂载在 APB2 总线上的,APB2 的时钟是 APB2 预分频器的输出,而 APB2 预分频器的时钟来源是 AHB 预分频器。因此,把 APB2 预分频器设置为不分频,就可以得到 GPIO 外设的时钟也等于 HCLK,即 72MHz。

从时钟树的分析,看到经过一系列的倍频、分频后得到了几个与开发密切相关的时钟。

(1) SYSCLK。系统时钟,是 STM32 大部分器件的时钟来源,主要由 AHB 预分频器分配到各个部件。

(2) HCLK。该时钟由 AHB 预分频器直接输出得到,它是高速总线 AHB 的时钟信号,提供给存储器、DMA 及 Cortex 内核,是 Cortex 内核运行的时钟,CPU 主频就是这个信号;它的大小与 STM32 运算速度、数据存取速度密切相关。

(3) PCLK1。外设时钟,由 APB1 预分频器输出得到,最大频率为 36MHz,提供给挂载在 APB1 总线上的外设。

(4) PCLK2。外设时钟,由 APB2 预分频器输出得到,最大频率为 72MHz,提供给挂载在 APB2 总线上的外设。

4.2　固件库驱动实例及函数详解

在固件库的 Project→STM32F10x_StdPeriph_Examples→GPIO→IOToggle 文件夹下,打开 main.c。可以看到基本上所有 LED 初始化驱动所需的代码都在里面,直接复制,修改对应引脚和对应使能时钟即可。

首先,定义结构体类型变量 GPIO_InitStructure,如图 4-5 所示。GPIO_InitTypeDef 是一个结构体类型,其性质类似于 C 语言中的整型(int)。

然后,调用库函数 RCC_APB2PeriphClockCmd()开启时钟,如图 4-6 所示的第一句代码,外设时钟默认是处在关闭状态的。所以外设时钟一般会在初始化外设的时候设置为开启(根据设计的产品功耗要求,也可以在使用的时候才打开)。

图 4-5　GPIO_InitStructure 结构体类型变量定义

图 4-6　开启时钟及初始化端口 GPIOD

参考固件库函数,打开"STM32F10x 固件库中文解释 V2.0.pdf"(…\单片机技术实战—基于 C51 和 STM32\STM32 相关资料)。如图 4-7 所示,按照图示方法操作可以找到该函数的功能。

调用时需要向它输入两个参数,第一个参数为将要控制的挂载在 APB2 总线上的外设时钟,第二个参数为选择是要开启还是要关闭该时钟。

如果用到了 I/O 的引脚复用功能,还要开启其复用功能时钟。如 GPIOB 的 Pin0 还可

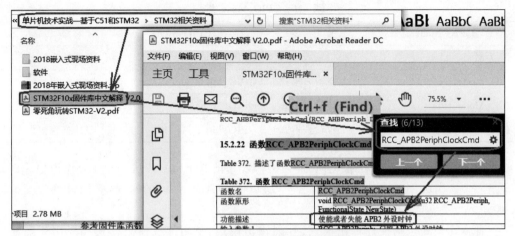

图 4-7　查找开启时钟函数的功能

以作为 ADC1 的输入引脚，现在把它作为 ADC1 来使用，除了开启 GPIOB 时钟外，还要开启 ADC1 的时钟，代码如下：

```
RCC_APB2PeriphClockCmd(RCC_APB2Periph_GPIOB|RCC_APB2Periph_ADC1,ENABLE);
```

参考固件库函数，打开"STM32F10x 固件库中文解释 V2.0.pdf"，继续查找 GPIO 初始化函数如图 4-8 所示。

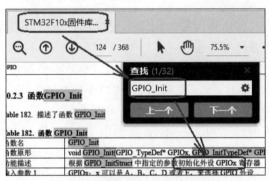

图 4-8　查找 GPIO 初始化函数

填充结构体成员，调用 GPIO 初始化函数 GPIO_Init()。在调用函数前有如下流程。

（1）给 GPIO_InitStructure.GPIO_Pin 结构体成员赋值。如果用到了多组 GPIO，则要给相应的 GPIO 的 GPIO_InitStructure.GPIO_Pin 赋值，赋值完后调用 GPIO_Init()函数初始化一次。

（2）给 GPIO_Mode 赋值，驱动 LED 则赋值为 GPIO_Mode_Out_PP，设置为通用推挽模式。

（3）给 GPIO_Speed 赋值，如果是输出模式则速度一般设置为 GPIO_Speed_50MHz，宏表示引脚的输出最大速度都为 50MHz。如果是输入模式，则不用设置 GPIO_Speed的值。

GPIO_Mode 模式如表 4-1 所示，包括 4 种输入和 4 种输出模式。

4 种输入模式包括上拉输入模式、下拉输入模式、浮空输入模式和模拟输入模式。

表 4-1　GPIO_Mode 模式

GPIO_Mode	描　述	GPIO_Mode	描　述
GPIO_Mode_AIN	模拟输入模式	GPIO_Mode_Out_OD	开漏输出模式
GPIO_Mode_IN_FLOATING	浮空输入模式	GPIO_Mode_Out_PP	推挽输出模式
GPIO_Mode_IPD	下拉输入模式	GPIO_Mode_AF_OD	复用开漏输出模式
GPIO_Mode_IPU	上拉输入模式	GPIO_Mode_AF_PP	复用推挽输出模式

　　模拟输入模式不接上、下拉电阻,经由另一线路把电压信号传送到片上外设模块。例如传送至 ADC 模块,由 ADC 采集电压信号,所以使用 ADC 外设的时候,必须设置为模拟输入模式。

　　4 种输出模式包括推挽输出模式、开漏输出模式、复用推挽输出模式和复用开漏输出模式。

　　推挽输出模式是根据其工作方式来命名的。两个"管子"轮流导通,一个负责灌电流,另一个负责拉电流,使其负载能力和开关速度都比普通的方式有很大的提高。推挽输出的低电平为 0V,高电平为 3.3V。

　　在开漏输出模式时,控制输出为 0,使输出接地;若控制输出为 1,为高阻态。为正常使用时必须在外部接上一个上拉电阻,如图 4-9 所示。

V_{CC}

R_{31}
$10k\Omega$

PA1

图 4-9　开漏输出模式
片外电路图

　　普通推挽输出模式一般应用在输出电平为 0V 和 3.3V 的场合。而普通开漏输出模式一般应用在电平不匹配的场合,例如需要输出 5V 的高电平,就需要在外部接一个上拉电阻。如图 4-9 所示电源为 5V,把 GPIO 设置为开漏模式,当 PA1 引脚输出 1 时,PA1 呈高阻态,相当于断路,即 PA1 处跟单片机未连接,根据电路图则该处由上拉电阻和电源向外输出 5V 的电平。

　　设置引脚高低电平的函数可以在 Keil 左侧的 Project 里找到 stm32f10x_gpio.h,如图 4-10 所示。从右侧文件的最低层开始,往上找到 GPIO_SetBits()函数(控制输出高电平)和 GPIO_ResetBits()控制(输出低电平),并打开"STM32F10x 固件库中文解释 V2.0.pdf"查找其用法。

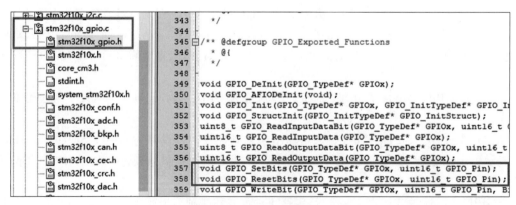

图 4-10　GPIO 常用函数

4.3 STM32 输出应用实例 1：LED 指示灯

LED 电路

4.3.1 基于标准库的竞赛板上实现

实现功能：关闭所有 LED 灯，然后让两个 LED 灯轮流闪烁。

1. LED 指示灯硬件连接原理

LED 灯硬件电路如图 4-11 所示，引脚或元件导线名称一致表示连接在一起。左边 J1、J2 表示排针，通过短线帽连接在一起，即两排排针相同的序号可以连接在一起，本例程需要短接，即 M_PD2 和 N_LE 连在一起，M_PC8 和 H_D0 连在一起，M_PC9 和 H_D1 连在一起。M_PC8、M_PC9 分别表示 STM32 的 PORTC.8、PORTC.9 引脚。

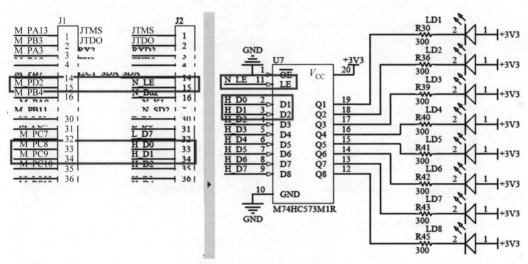

图 4-11　LED 灯硬件电路图

当锁存器 HC573 的 N_LE 引脚由高变低（由 1 变为 0）下降沿时，锁存器左边的 D1～D8 的数据进入锁存器锁存，此时右边 Q1～Q8 等于左边 D1～D8 的值。所以当 PORTC.8 输出 0，PORTD.2（连接 N_LE）由 1 变为 0 时，锁存器的 Q1 为低电平 0，发光二极管 LD1 亮。每次要控制 LED 灯亮灭，都需要让 PORTD.2 先置 1，然后置 0。

2. LED 指示灯代码实现

（1）main.c 文件。

```
/***********************************************************************

* 程序说明：使用程序前,确认 LED 相关引脚已经通过跳线正确连接

***********************************************************************/

/* Includes ------------------------------------------------ */

#include "stm32f10x.h"

#include "led.h"                    //有该语句,系统会自动将 led.h 文档加载到工程中

int main(void)
```

LED 灯实例视频

```
{   unsigned int i;
    LED_Init();
    LED_Control(LEDALL,0);              //关闭所有 LED 灯
    while(1){
        LED_Control(LED0,1);            //打开 LED0 灯
        for(i=0x3fffff; i>0; i--);      //延时
        LED_Control(LED0,0);            //关闭 LED0 灯
        for(i=0x3fffff; i>0; i--);      //延时
        LED_Control(LED1,1);            //打开 LED1 灯
        for(i=0x3fffff; i>0; i--);      //延时
        LED_Control(LED1,0);            //关闭 LED1 灯
        for(i=0x3fffff; i>0; i--);      //延时
    }                                   //LED0 和 LED1 灯轮流闪烁
}
```

(2) led.c 文件。

```
#include "led.h"
void LED_Init(void)
{   GPIO_InitTypeDef GPIO_InitStructure; //定义 GPIO_InitStructure 结构体类型变量
    RCC_APB2PeriphClockCmd(RCC_APB2Periph_GPIOC,ENABLE);      //开启 C 口时钟
    RCC_APB2PeriphClockCmd(RCC_APB2Periph_GPIOD,ENABLE);      //开启 D 口时钟

    //LED 引脚配置,PC08~PC15
    GPIO_InitStructure.GPIO_Pin = LED0|LED1|LED2|LED3|LED4|LED5|LED6|LED7;
    GPIO_InitStructure.GPIO_Mode = GPIO_Mode_Out_PP;         //设置为推挽输出
    GPIO_InitStructure.GPIO_Speed = GPIO_Speed_10MHz;
    GPIO_Init(GPIOC, &GPIO_InitStructure);
    //PC08~PC15 引脚初始化,分别接 LED0~LED7

    //74HC573 锁存引脚配置,PD2
    GPIO_InitStructure.GPIO_Pin = GPIO_Pin_2;
    GPIO_Init(GPIOD, &GPIO_InitStructure);                    //PD02 引脚初始化
}
void LED_Control(uint16_t LED, uint8_t LED_Status)
{
    if(LED_Status == 0)                     //关闭 LED 灯
    {   GPIO_SetBits(GPIOC, LED);            //某 LED 灯对应的引脚置"1"
        GPIO_SetBits(GPIOD, GPIO_Pin_2);
        GPIO_ResetBits(GPIOD, GPIO_Pin_2);  //PD.2 由 1→0,下降沿状态锁存
    }
    Else                                    //点亮 LED 灯
    {   GPIO_ResetBits(GPIOC, LED);          //某 LED 灯对应的引脚置"0"
        GPIO_SetBits(GPIOD, GPIO_Pin_2);
```

```
        GPIO_ResetBits(GPIOD,GPIO_Pin_2);      //PD.2由1→0,下降沿状态锁存
    }
}
```

（3）led.h 文件。

```
#ifndef __LED_H
#define __LED_H
#include "stm32f10x.h"
//CT117E LED 引脚号的定义
#define LED0 GPIO_Pin_8
#define LED1 GPIO_Pin_9
#define LED2 GPIO_Pin_10
#define LED3 GPIO_Pin_11
#define LED4 GPIO_Pin_12
#define LED5 GPIO_Pin_13
#define LED6 GPIO_Pin_14
#define LED7 GPIO_Pin_15
#define LEDALL GPIO_Pin_Al
//led.c 文件的函数声明
void LED_Init(void);
void LED_Control(uint16_t LED,uint8_t LED_Status);
#endif         //根据电路图,定义引脚号以及 led.c 文件中的函数说明
```

3. 程序调试

（1）文件加载。打开已建好的或者其他已调试成功的工程,将 led.h、led.c 文件复制到相关文件夹（例如 User 文件夹）中,加载 led.c 文件至工程,并将 main.c 文件内容复制过来,加载方法如图 4-12 所示。展开 led.c 左边"＋"可以看到 led.h 文件,如图 4-13 所示。注意,所有用到的.c 文件都要加载到工程中,所有.h 文件所在的文件夹都要包含到工程中;若未包含,按图 4-14 所示的方法加载文件夹（即目录）。

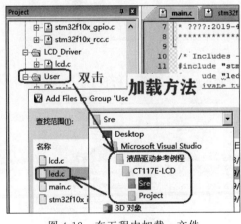

图 4-12　在工程中加载.c 文件

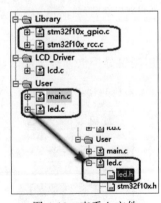

图 4-13　查看.h 文件

（2）仿真及现象。调试无错误后,进入仿真,如图 4-15 所示（①设置,②和③选仿真,④进入仿真设置）。

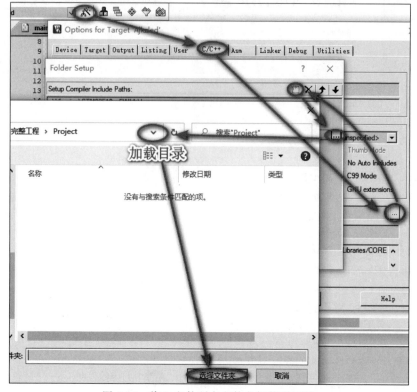

图 4-14　将.h 文件所在文件夹加载到工程

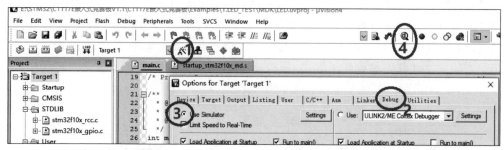

图 4-15　进入仿真

使用逻辑分析仪分析波形图,如图 4-16 所示(①打开逻辑分析仪,②进行设置)。

图 4-16　逻辑分析仪设置

查看引脚对应的波形,本例程需要查看 PORTC.8 和 PORTC.9 的波形,如图 4-17 所示

(①新建信号,输入 PORTC.8,②选择 Bit(位))。采用同样的方法输入 PORTC.9 并设置 Bit。

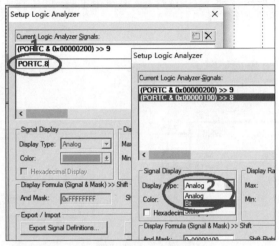

图 4-17　设置仿真的引脚

查看波形,如图 4-18 所示(①运行,②停止,③选择 All 可以显示所有波形,④选择 In 可以放大波形)。继续放大波形,分析 main() 函数中控制 LED 灯亮灭的代码,并与波形图对比,分析原理。

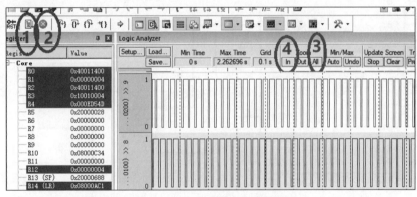

图 4-18　查看引脚对应的波形

将 Keil 中生成的.hex 文件下载到蓝桥杯竞赛板,下载程序的方法可以参考竞赛板的说明,现象如图 4-19 所示。

图 4-19　竞赛板的现象

STM32 输出

4.3.2　基于 CubeMX 的 Proteus 仿真实现

关闭所有 LED 灯,然后让两个 LED 灯(原理图中 LED 灯接在 PC8、PC9 两个引脚上)轮流闪烁。

1. 仿真原理

基于 Proteus 的仿真原理如图 4-20 所示,两个 LED 灯接到 PC8、PC9 引脚上,没有使用锁存器,当引脚置 1 时则灯灭,清零时则灯亮。

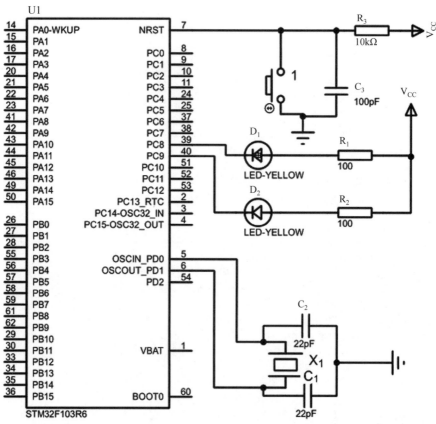

图 4-20　STM32 的 LED 灯仿真电路图

2. CubeMX 配置

(1) GPIO 端口配置。

① 启动 STM32 CubeMX 软件,新建工程,如图 4-21 所示。

② 根据仿真原理图的 STM32 处理器,输入对应型号的关键字,找到对应的芯片,选择对应的型号后双击即可,如图 4-22 所示。

③ 时钟源及端口配置。进入配置界面后,先配置时钟,如图 4-23 所示,此处选择外部晶振作为高速时钟。

继续配置引脚,在芯片上找到与原理图上对应的 PC8、PC9 引脚,如图 4-24 所示。找到引脚后单击 PC8 引脚,设置为输出模式 GPIO_Output(推挽输出),如图 4-25 所示;PC9 设置同上。

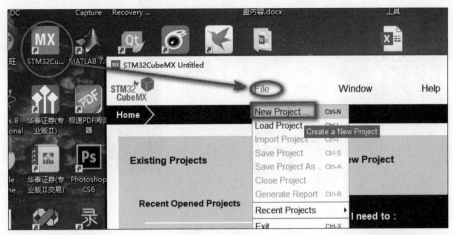

图 4-21　新建工程

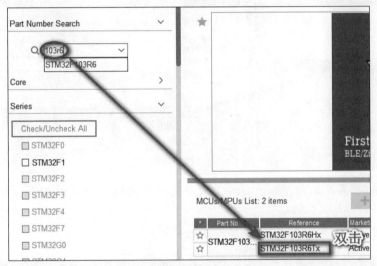

图 4-22　芯片型号的选择

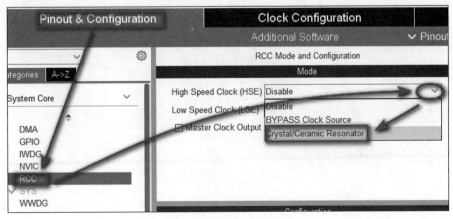

图 4-23　外部晶振的配置

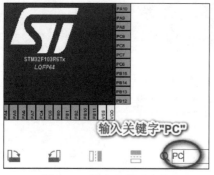

图 4-24　快速查找引脚号

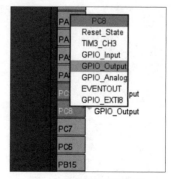

图 4-25　配置引脚输出

再对 PC8、PC9 引脚的电平进行配置,统一设置为高电平,即初始状态不亮。单击左侧的 GPIO,再单击 PC8,输出初值更改为高电平,如图 4-26 所示。

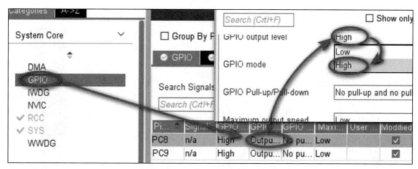

图 4-26　端口初始值配置

设置 PC9 时,再次单击左侧的 GPIO,就会返回到有 PC9 的界面,然后进行与上面相同的操作。

(2) STM32 的时钟树配置,配置步骤如图 4-27 所示。

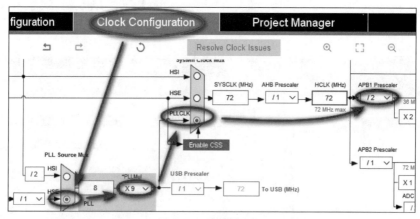

图 4-27　时钟树配置

(3) 工程输出配置。在生成代码之前需要进行文件名、输出目录、生成类型等配置,完成相关输出配置后,单击 GENERATE CODE 按钮生成代码(注意目录与文件名中不能有中文字符、空格),如图 4-28 所示。

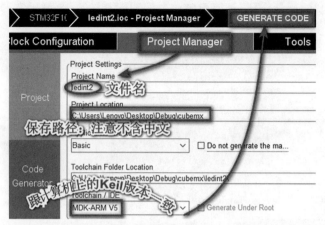

图 4-28　生成代码

　　生成工程之前,让驱动程序的.c 文件和.h 文件都单独作为一个独立的文件,可以勾选图 4-29 中的复选框。对于复杂功能的工程,建议选择单独生成独立的文件;若未选,则所有驱动代码均在 main.c 文件中。

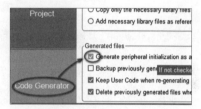

图 4-29　配置独立的驱动文件

　　等待生成工程代码时,可以打开工程所在的文件夹,也可以单击打开生成的工程,如图 4-30 所示。

图 4-30　成功生成配置好的工程

3. 应用程序编程

　　找到 GPIO 相关函数,如图 4-31 所示,先编译再打开对应的头文件,找到第 235 行的函数代码。

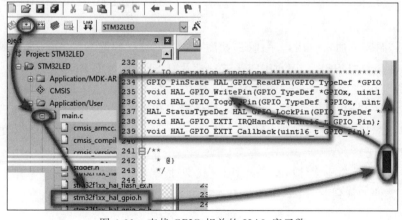

图 4-31　查找 GPIO 相关的 HAL 库函数

进入函数的定义,阅读注释,理解引脚函数的功能及参数,复制函数,并根据英文注释修改参数,如图 4-32 所示。

```
234  GPIO_PinState HAL_GPIO_ReadPin(GPIO_TypeDef *GPIOx
235  void HAL_GPIO_Write    右击
236  void HAL_GPIO_Togg          Split Window Horizontally
237  HAL_StatusTypeDef          Go To Definition Of 'HAL_GPIO_WritePin'
238  void HAL_GPIO_EXTI
239  void HAL_GPIO_EXTI         Go To Reference To 'HAL_GPIO_WritePin'

456  * @param  GPIOx: where x can be (A..G depending on device used) to select the GPIO p
457  * @param  GPIO_Pin: specifies the port bit to be written.
458  *          This parameter can be one of GPIO_PIN_x where x can be (0..15)
459  * @param  PinState: specifies the value to be written to the selected bit.
460  *          This parameter can be one of the GPIO_PinState enum values:
461  *            @arg GPIO_PIN_RESET: to clear the port pin
462  *            @arg GPIO_PIN_SET: to set the port pin
463  * @retval None
464  */
465  void HAL_GPIO_WritePin(GPIO_TypeDef *GPIOx, uint16_t GPIO_Pin, GPIO_PinState PinState)
```

图 4-32　查找库函数的用法

例如,根据原理图或者端口配置信息,给 PC8 引脚置 1 的代码为:

```
HAL_GPIO_WritePin(GPIOC,GPIO_PIN_8,GPIO_PIN_SET);
//关闭 PC8 引脚上的 LED 灯,再查找延时函数
```

延时函数的查找方法如图 4-33 所示。

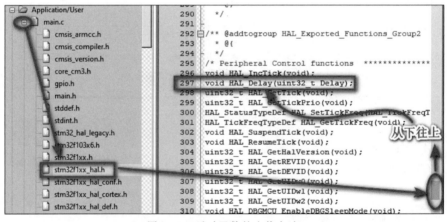

图 4-33　延时函数的查找方法

在 while 循环下加入应用程序代码,如图 4-34 所示(代码附后)。main.c 代码中有很多相互匹配的注释如"USER CODE BEGIN……"及"USER CODE END……",这些注释成对出现,其上方为用户代码编写区。当用户配置 CubeMX 出现错误,需要重新生成代码后,"……BEGIN……"和"……END……"之间的代码不会改变,其他代码会改变或者被删除。

重新编译链接,发现 0 错误后,会生成.hex 文件,如图 4-35 所示,将该文件加载到 Proteus 中观察现象。

加载时,若找到.hex 文件所在位置,则查找文件位置,如图 4-36 所示。

将.hex 文件加载到 Proteus 的 STM32 中,如图 4-37 所示。

按左下角的"运行"按钮,观察现象,如图 4-38 所示。

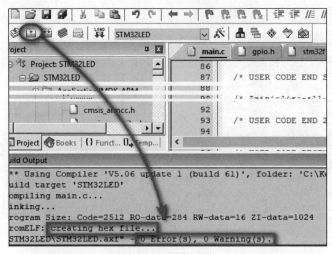

图 4-34　代码及成对注释示意图

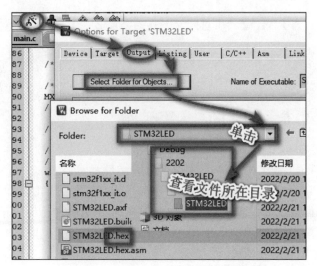

图 4-35　编译成功

图 4-36　查找.hex文件所在的目录

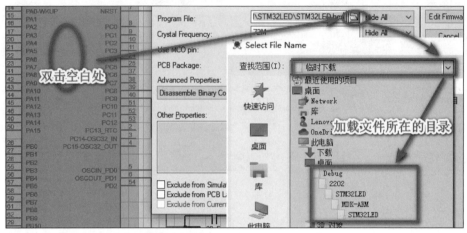

图 4-37　在 Proteus 中加载.hex 文件

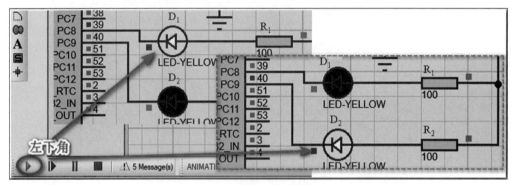

图 4-38　LED 灯仿真现象

4.4　STM32 输出应用实例2：LCD 屏显示

一般来讲，LCD 屏厂家会提供驱动程序的函数库（中层库），编程人员只需要调用这些中层库函数即可。此外，需要注意引脚端口，修改相关参数，对例程进行移植。

4.4.1　蓝桥杯竞赛板的 LCD 屏显示

1. LCD 屏中层库函数

进入 lcd.h 文件，LCD 屏中层库函数均在该头文件里，如图 4-39 所示。双击进入某个函数查看说明，如图 4-40 所示。STM3210B_LCD_Init(void)表示 LCD 的初始化，理解其功能和参数即可。我们可以看一看函数具体如何实现，进入具体工程看一下相关函数解释，会用即可。查看完后单击"返回"图标，如图 4-41 所示。

2. LCD 工程常用中层库函数

进入 main.c 文件，先分析 systick 相关代码。右击进入相关函数，查看其注释。以下是蓝桥杯 LCD 屏中层库中常用函数。

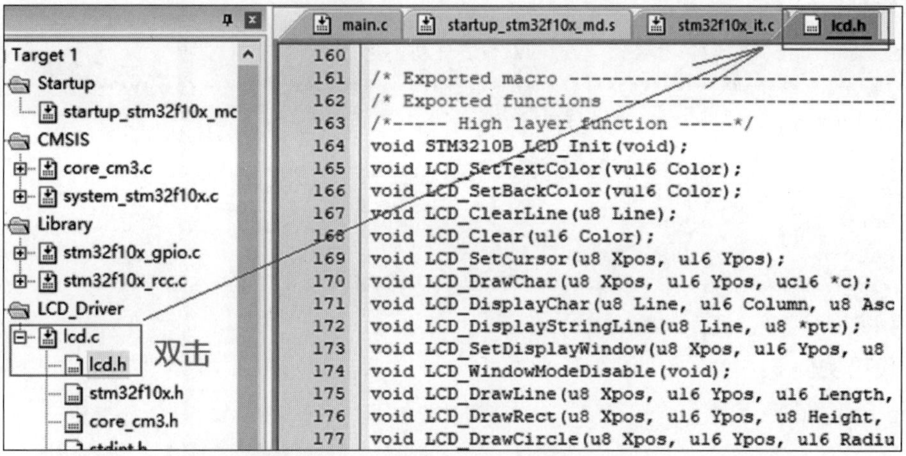

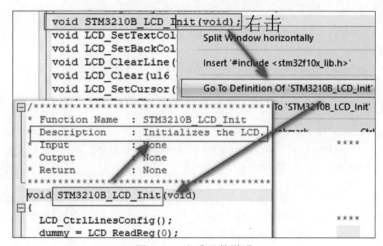

```
                          main.c    startup_stm32f10x_md.s    stm32f10x_it.c    lcd.h
Target 1
 Startup            160
  startup_stm32f10x_mc    161    /* Exported macro -----------
 CMSIS               162    /* Exported functions --------
  core_cm3.c         163    /*----- High layer function -----*/
  system_stm32f10x.c 164    void STM3210B_LCD_Init(void);
 Library             165    void LCD_SetTextColor(vu16 Color);
  stm32f10x_gpio.c   166    void LCD_SetBackColor(vu16 Color);
  stm32f10x_rcc.c    167    void LCD_ClearLine(u8 Line);
 LCD_Driver          168    void LCD_Clear(u16 Color);
  lcd.c     双击      169    void LCD_SetCursor(u8 Xpos, u16 Ypos);
   lcd.h             170    void LCD_DrawChar(u8 Xpos, u16 Ypos, uc16 *c);
   stm32f10x.h       171    void LCD_DisplayChar(u8 Line, u16 Column, u8 Asc
   core_cm3.h        172    void LCD_DisplayStringLine(u8 Line, u8 *ptr);
   stdint.h          173    void LCD_SetDisplayWindow(u8 Xpos, u16 Ypos, u8
                     174    void LCD_WindowModeDisable(void);
                     175    void LCD_DrawLine(u8 Xpos, u16 Ypos, u16 Length,
                     176    void LCD_DrawRect(u8 Xpos, u16 Ypos, u8 Height,
                     177    void LCD_DrawCircle(u8 Xpos, u16 Ypos, u16 Radiu
```

图 4-39　查看 LCD 屏中层库函数

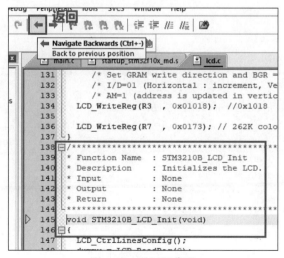

图 4-40　查看函数说明

图 4-41　返回源代码

第 4 章

STM32 输出

源代码实例 1:

```
STM3210B_LCD_Init();              //LCD 屏初始化
/***********************************************************************
* Function Name : STM3210B_LCD_Init
* Description   : Initializes the LCD
* Input         : None
* Output        : None
* Return        : None
***********************************************************************/
void STM3210B_LCD_Init(void)
```

源代码实例 2:

```
LCD_Clear(Blue);                 //清屏呈蓝色
/***********************************************************************
* Function Name : LCD_Clear
* Description   : Clears the hole LCD          //清屏
* Input         : Color, the color of the background
* Output        : None
* Return        : None
***********************************************************************/
void LCD_Clear(u16 Color)
```

源代码实例 3:

```
LCD_SetBackColor(Blue);        //背景色蓝色
/***********************************************************************
* Function Name : LCD_SetBackColor
* Description   : Sets the Background color
* Input         : - Color, specifies the Background color code RGB(5-6-5)
* Output        : - BackColor, Background color global variable used by
*                   LCD_DrawChar and LCD_DrawPicture functions
* Return        : None
***********************************************************************/
void LCD_SetBackColor(vu16 Color)
```

源代码实例 4:

```
LCD_SetTextColor(White);         //字体白色
/***********************************************************************
* Function Name : LCD_SetTextColor
* Description   : Sets the Text color
* Input         : - Color, specifies the Text color code RGB(5-6-5)
* Output        :-TextColor, Text color global variable used by LCD_DrawChar
*                   and LCD_DrawPicture functions
* Return        : None
* **********************************************************************/
void LCD_SetTextColor(vu16 Color)
```

源代码实例 5:

```
LCD_DrawLine(120,0,320,Horizontal);    //水平画线
/***********************************************************************
```

```
*  Function Name   : LCD_DrawLine
*  Description     : Displays a line
*  Input           : - Xpos, specifies the X position        //x 轴
*                    - Ypos, specifies the Y position        //y 轴
*                    - Length, line length                   //线长
*                    - Direction, line direction             //方向
*                    This parameter can be one of the following values: Vertical
*                    or Horizontal
*  Output          : None
*  Return          : None
*************************************************************************/
void LCD_DrawLine(u8 Xpos,u16 Ypos,u16 Length,u8 Direction)
```

源代码实例 6：

```
LCD_DrawRect(70,210,100,100);     //画长、宽分别为 100 的矩形，即画个正方形
/*************************************************************************
*  Function Name   : LCD_DrawRect
*  Description     : Displays a rectangle                    //显示矩形
*  Input           : - Xpos, specifies the X position        //x 坐标
*                    - Ypos, specifies the Y position        //y 坐标
*                    - Height, display rectangle height      //高
*                    - Width, display rectangle width        //宽
*  Output          : None
*  Return          : None
*************************************************************************/
void LCD_DrawRect(u8 Xpos,u16 Ypos,u8 Height,u16 Width)
```

源代码实例 7：

```
LCD_DrawCircle(120,160,50);            //画个圆
/*************************************************************************
*  Function Name   : LCD_DrawCircle
*  Description     : Displays a circle                       //画圆
*  Input           : - Xpos, specifies the X position        //x 坐标
*                    - Ypos, specifies the Y position        //y 坐标
*                    - Height, display rectangle height      //高
*                    - Width, display rectangle width        //宽
*  Output          : None
*  Return          : None
*************************************************************************/
void LCD_DrawCircle(u8 Xpos,u16 Ypos,u16 Radius)
```

源代码实例 8：

```
LCD_DisplayStringLine(Line4,(unsigned char * )"Hello,world.");
//第 4 行显示 Hello,world
/*************************************************************************
*  Function Name    : LCD_DisplayStringLine
*  Description      : Displays a maximum of 20 char on the LCD
                      //显示 20 个字符内的字符串
*  Input            : - Line, the Line where to display the character shape.
```

第
4
章

```
*                        This parameter can be one of the following values.
*                        - Linex, where x can be 0..9        //第几行显示
*                        - *ptr, pointer to string to display on LCD
                           //所显示的字符串指针 (即地址)
* Output          : None
* Return          : None
*****************************************************************************/
void LCD_DisplayStringLine(u8 Line,u8 * ptr)
```

3. LCD 显示代码实现

实现功能要求：在 LCD 屏上显示字符串及其他效果。

```
...
Delay_Ms(200);                    //延时 200ms
STM3210B_LCD_Init();
LCD_Clear(Blue);
LCD_SetBackColor(Blue);
LCD_SetTextColor(White);
LCD_DrawLine(120,0,320,Horizontal);
LCD_DrawLine(0,160,240,Vertical);
Delay_Ms(1000);
LCD_Clear(Blue);
LCD_DrawRect(70,210,100,100);
Delay_Ms(1000);
LCD_Clear(Blue);
LCD_DrawCircle(120,160,50);
Delay_Ms(1000);
LCD_Clear(Blue);
LCD_DisplayStringLine(Line4 ,(unsigned char *)"    Hello,world.    ");
Delay_Ms(1000);
LCD_SetBackColor(White);
LCD_DisplayStringLine(Line0,(unsigned char *)"                    ");
LCD_SetBackColor(Black);
LCD_DisplayStringLine(Line1,(unsigned char *)"                    ");
LCD_SetBackColor(Grey);
LCD_DisplayStringLine(Line2,(unsigned char *)"                    ");
LCD_SetBackColor(Blue);
LCD_DisplayStringLine(Line3,(unsigned char *)"                    ");
LCD_SetBackColor(Blue2);
LCD_DisplayStringLine(Line4,(unsigned char *)"                    ");
LCD_SetBackColor(Red);
LCD_DisplayStringLine(Line5,(unsigned char *)"                    ");
LCD_SetBackColor(Magenta);
LCD_DisplayStringLine(Line6,(unsigned char *)"                    ");
LCD_SetBackColor(Green);
LCD_DisplayStringLine(Line7,(unsigned char *)"                    ");
LCD_SetBackColor(Cyan);
LCD_DisplayStringLine(Line8,(unsigned char *)"                    ");
LCD_SetBackColor(Yellow);
```

```
LCD_DisplayStringLine(Line9,(unsigned char *)"                    ");
while(1);
...
```

4. LCD 屏代码移植注意事项

在实际工程项目中会涉及大量移植问题,移植包括硬件电路移植和软件程序移植。使用蓝桥杯竞赛板的 LCD 屏时,若不修改中层库代码,那么硬件端口也要一致,如图 4-42 所示,例如 LCD_RS 引脚连接到 STM32 的 PB8 端口。在实际工程中若更改了端口,对应程序的端口参数也需要修改。

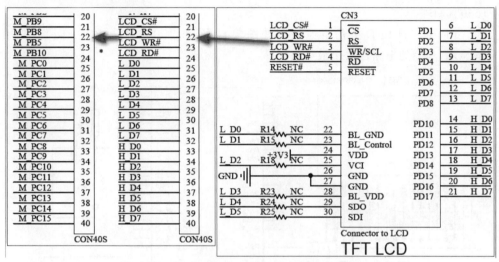

图 4-42　蓝桥杯竞赛板的 LCD 屏电路端口

程序调试成功后,把工程中的.hex 文件下载到竞赛板中,现象如图 4-43 所示。适当更改程序,例如,高亮度显示字符、反相显示等,在竞赛板观察现象。

图 4-43　LCD 屏现象

在竞赛现场,首先要做的就是下载该程序。若没有现象立刻查看相关设置,还是不可下载,则举手请监考老师解决问题,第一步必须通过。若竞赛板的版本和现场工程文件驱动程序版本不同,需要重新安装驱动程序。在现场找工作人员更换开发板或请工作人员安装驱动程序,当然发生这类事件的概率比较小。

4.4.2 基于 CubeMX 的 Proteus 仿真实现

实现功能: 在现有工程基础上,让 LCD 分两行显示如下信息。

```
Welcome to HBEU
Computer Depart
```

1. 仿真原理

基于 Proteus 的 LCD 屏仿真原理图如图 4-44 所示,其中 PB0~PB12 及 PB15 用于 LCD 屏显示,其余的电路均属于最小系统。

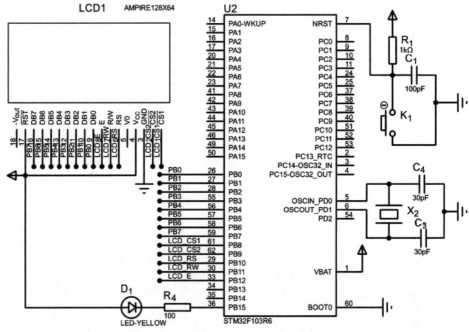

图 4-44　LCD 屏仿真电路图

2. CubeMX 配置

由于现有被移植工程中包含 LCD 驱动文件,在 CubeMX 中不需要另行配置端口,只需要加载被移植工程中的驱动文件(.c、.h 文件)即可,其余新建工程、型号选择、时钟源、时钟树配置等与 LED 灯例程的操作步骤完全一致,具体操作可以参考 LED 灯例程。配置过程如下:

① 启动 STM32 CubeMX 软件,新建工程;

② 根据原理图中的处理器,选择型号为 STM32F103R6 的处理器;

③ 配置时钟源,选择外部晶振作为高速时钟;

④ 配置 STM32 的时钟树;

⑤ 设置工程输出配置参数,生成代码,注意工程名称,并打开工程,进入工程后打开

main()函数所在文件夹,如图 4-45 所示。

3. 工程移植

打开现成的被移植工程文件,如图 4-46 所示。

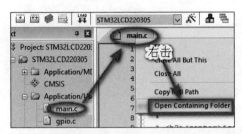

图 4-45　在工程中打开 main.c 文件所在的文件夹

图 4-46　被移植工程文件所在位置

进入工程后,一般先编译检查是否有错误,再打开驱动文件 lcd.c 文件所在的文件夹,如图 4-47 所示。

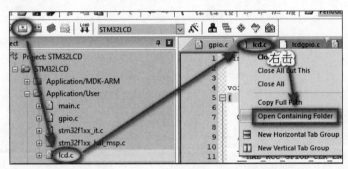

图 4-47　打开 lcd.c 文件所在的文件夹

进入驱动文件所在文件夹后,选定并复制 lcd.c、lcd.h 和 ascii.h 文件,将这 3 个文件粘贴到刚才 CubeMX 所生成工程的 main()函数所在文件夹,如图 4-48 所示,关闭被移植工程。

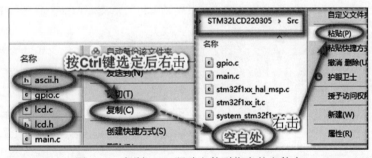

图 4-48　复制 LCD 驱动文件到指定的文件夹

在所生成的工程中加载 lcd.c 文件,如图 4-49 所示。

4. 应用程序编程

进入 lcd.c 代码区,复制第 1 行代码至 main.c 文件的第 27 行中,如图 4-50 所示。

编译后查找 lcd.h 头文件中相关函数,可以查看函数的详细注解,如图 4-51 所示。

STM32 输出

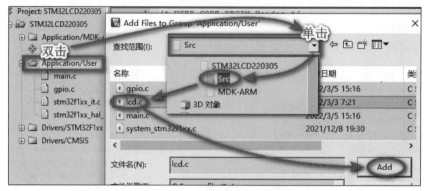

图 4-49　工程中添加 lcd.c 文件

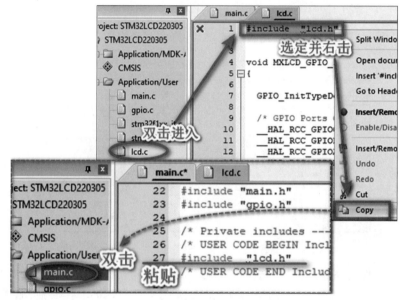

图 4-50　编写头文件代码

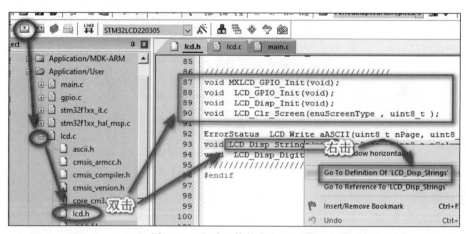

图 4-51　查看函数的定义及注解

```
LCD_Disp_Strings(uint8_t nPage,uint8_t nColumn,uint8_t * ascii,uint8_t nLength,
uint8_t background)
```
/* 在液晶屏上显示字符,nPage 表示页(简单理解为第几行显示),nColumn 表示列,ascii 显示的
  字符前要加上(char *),nLength 表示字符长度,background 为背景,设置可取 BACK_NORMAL、
  BACK_REVERSE,一般用 BACK_REVERSE * /
```
LCD_Clr_Screen(enuScreenType screen,uint8_t dat)        //选择左右清屏
```

清屏函数参数查找方法如图 4-52 所示。

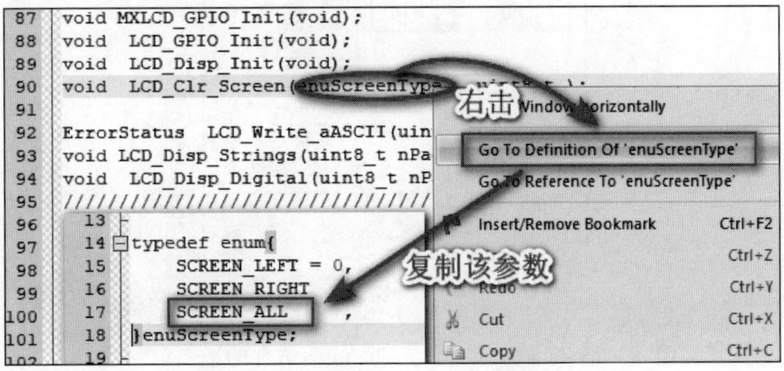

图 4-52　查看清屏函数的参数

在 main()函数成对的注释中加入代码,如图 4-53 所示。

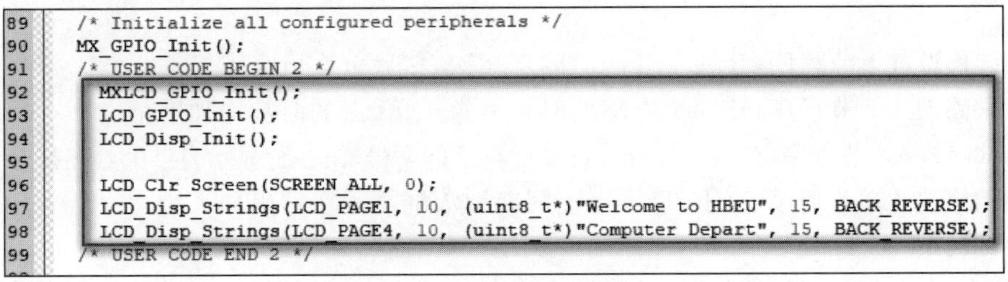

```
89    /* Initialize all configured peripherals */
90    MX_GPIO_Init();
91    /* USER CODE BEGIN 2 */
92    MXLCD_GPIO_Init();
93    LCD_GPIO_Init();
94    LCD_Disp_Init();
95
96    LCD_Clr_Screen(SCREEN_ALL, 0);
97    LCD_Disp_Strings(LCD_PAGE1, 10, (uint8_t*)"Welcome to HBEU", 15, BACK_REVERSE);
98    LCD_Disp_Strings(LCD_PAGE4, 10, (uint8_t*)"Computer Depart", 15, BACK_REVERSE);
99    /* USER CODE END 2 */
```

图 4-53　LCD 应用代码

经编译链接后无任何错误,如图 4-54 所示。

```
1  #ifndef   __LCD12864_H__
2  #define   __LCD12864_H__
3  #include  "stm32f1xx_hal.h"
4  #include  "string.h"
5  #include  "stdio.h"
```
* Using Compiler 'V5.06 update 1 (build 61)', folder: 'C:\Keil_v5\A
STM32LCD220305\STM32LCD220305.axf" - 0 Error(s), 0 Warning(s).
Build Time Elapsed: 00:00:06

图 4-54　编译成功并生成.hex 文件

加载.hex 文件,加载方法跟 STM32 的 LED 灯仿真实例中的加载方法一致,现象如
图 4-55 所示。

第
4
章

STM32 输出

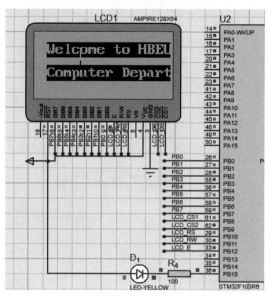

图 4-55　基于 CubeMX＋Proteus 仿真的 LCD 现象

习　题　4

1. 试修改 4.1 节程序,让两个灯同时闪烁 3 次,然后依次点亮。

2. 试修改 4.1 节程序,让两个灯亮的时长缩短 1 倍,灭的时长增加 1 倍。

3. 试修改 4.2 节程序,在显示屏第 1 行显示自己的学号,第 2 行显示自己的姓名拼音缩写。

4. 试修改 4.2 节程序,在 LCD 屏上不间断地滚屏显示字符串

"Welcome to HBEU"

"Computer Depart"

"www.HBEU.cn"。

即

第 1 行显示字符串 1

第 2 行显示字符串 2

　　延时

第 1 行显示字符串 2

第 2 行显示字符串 3

　　延时

第 1 行显示字符串 3

第 2 行显示字符串 1

　　延时

第 1 行显示字符串 1

第 2 行显示字符串 2

　　延时

　　……

第 5 章 　　　　　　　　STM32 中断输入

本章主要介绍 STM32 的中断输入，与 STC51 中断的基本原理、执行过程类似，读者需要理解中断源、中断分组、中断优先级及 STM32 对中断的管理，注意 STM32 中断与 STC51 中断的区别，STM32 标准库和 HAL 库编程的区别，Proteus 仿真与实物的区别。

5.1　STM32 中断输入概述

STM32 的中断与 STC51 单片机中断的过程、原理等大同小异。CPU 内部产生的中断称为异常；CPU 外部的片内外设产生的中断称为中断；Cortex 内核具有强大的异常响应系统，它把能够打断当前代码执行流程的事件分为异常（exception）和中断（interrupt），并把它们用一个表管理起来，编号为 0～15 的称为内核异常，其余的称为中断。用户自己编写的程序，自己指定位置调用称为函数调用。

在启动文件 startup_stm32f10x_md.s 中，有相应芯片可用的全部中断。在编写中断服务函数时，可以从启动文件中定义的中断向量表查找中断服务函数名，这些中断服务程序函数名已经定义好，用户不能更改其名称。如图 5-1 所示，第 62 行～第 76 行是内部异常，第 76 行是 SyStick 中断名称，第 78 行后是片内外设的中断服务程序函数名。

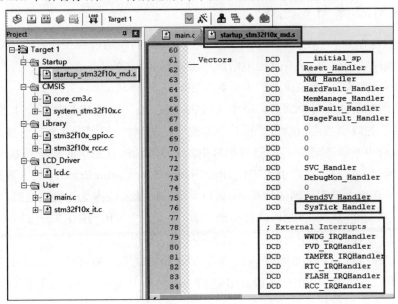

图 5-1　启动文件中的中断服务程序的函数名

STM32 的中断如此之多,配置起来并不容易,因此需要一个强大而方便的中断控制器 NVIC(nested vectored interrupt controller)。NVIC 是属于 Cortex 内核的器件,不可屏蔽中断(NMI)和外部中断都由它来处理,而 SYSTICK 不是由 NVIC 来控制的,如图 5-2 所示。

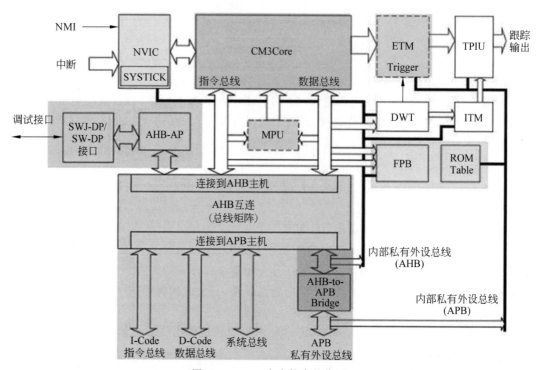

图 5-2　NVIC 在内核中的位置

5.1.1　STM32 中断优先级

在某时刻若有多个中断源同时提出中断申请,那么到底响应哪个中断?或者在执行某个中断服务程序的过程中,又有其他中断源提出中断申请,那么是否响应?编程人员需要提前设置好中断优先级,让优先级高的中断源优先响应。

STM32 的中断具有两个属性:一个为抢占属性;另一个为响应属性。其属性编号越小,表明它的优先级别越高。抢占是指打断其他中断的属性,即因为具有这个属性会出现嵌套中断(在执行中断服务函数 A 的过程中被中断 B 打断,执行完中断服务函数 B 再继续执行中断服务函数 A),抢占属性由 NVIC_IRQChannelPreemptionPriority 的参数配置。而响应属性则应用在抢占属性相同的情况下,当两个中断向量的抢占优先级相同时,如果两个中断同时到达,则先处理响应优先级高的中断,响应属性由 NVIC_IRQChannelSubPriority 参数配置。例如,现在有 3 个中断向量,如表 5-1 所示。

若内核正在执行 C 的中断服务函数,则它能被抢占优先级更高的中断 A 打断。由于 B 和 C 的抢占优先级相同,因此 C 不能被 B 打断。但如果 B 和 C 中断是同时到达的,内核就会首先响应优先级别更高的 B 中断。

表 5-1 中断举例

中断	抢占优先级	响应优先级
A	0	0
B	1	0
C	1	1

5.1.2 STM32 中断分组

NVIC 只可以配置 16 种中断向量的优先级,也就是说,抢占优先级和响应优先级的数量由一个 4 位的数字来决定,把这个 4 位数字的位数分配成抢占优先级部分和响应优先级部分,即:抢占优先级位数＋响应优先级位数＝4。中断分组及优先级如表 5-2 所示,注意二进制位数与取值范围的关系,n 位二进制数的取值范围为 $0 \sim 2^n - 1$。例如,3 位二进制数最大值为 $2^3 - 1 = 8 - 1 = 7$,即取值范围为 $0 \sim 7$。

表 5-2 中断分组及优先级

组号	含　义	抢占优先级范围	响应优先级范围
0	0 位抢占优先级,4 位响应优先级	无	$0 \sim 15$
1	1 位抢占优先级,3 位响应优先级	$0 \sim 1$	$0 \sim 7$
2	2 位抢占优先级,2 位响应优先级	$0 \sim 3$	$0 \sim 3$
3	3 位抢占优先级,1 位响应优先级	$0 \sim 7$	$0 \sim 1$
4	4 位抢占优先级,0 位响应优先级	$0 \sim 15$	无

采用库函数 NVIC_PriorityGroupConfig() 可以配置中断分组,可输入的参数为 NVIC_PriorityGroup_0～NVIC_PriorityGroup_4。

例如:

```
NVIC_PriorityGroupConfig(NVIC_PriorityGroup_2);    //设置中断分组 2
```

STM32 单片机的所有 I/O 端口都可以配置为 EXTI 中断模式,用来捕捉外部信号,可以配置为下降沿中断、上升沿中断和上升下降沿中断 3 种模式。它们以图 5-3 所示方式连接到 16 个外部中断/事件线上,STM32 的所有 GPIO 都引入到 EXTI 外部中断线上,使得所有的 GPIO 都能作为外部中断的输入源。观察 GPIO 与 EXTI 的连接方式可知,PA0～PG0 连接到 EXTI0,PA1～PG1 连接到 EXTI1……PA15～PG15 连接到 EXTI15。这里大

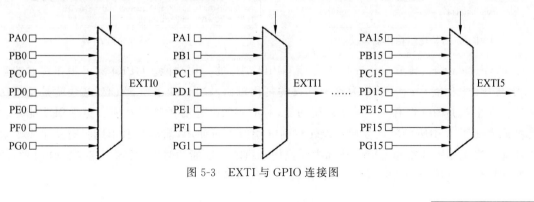

图 5-3 EXTI 与 GPIO 连接图

73

第 5 章

STM32 中断输入

家要注意的是：PAx～PGx 端口的中断事件都连接到了 EXTIx，即同一时刻 EXTIx 只能响应一个端口的事件触发，不能够同一时间响应所有 GPIO 端口的事件，但可以分时复用。它可以配置为上升沿触发、下降沿触发或双边沿触发。EXTI 最普通的应用就是接上一个按键，设置为下降沿触发，用中断来检测按键。

5.2 STM32 中断输入固件库驱动实例及函数详解

5.2.1 外部中断驱动编程

在固件库的 Project→STM32F10x_StdPeriph_Examples→EXTI→EXTI_Config 文件夹下打开 main.c 文件，外部中断、GPIO 和中断初始化结构体的定义如图 5-4 所示。

外部中断配置代码如图 5-5 所示，开启 GPIO 及其复用功能时钟，再进行外部中断和中断管理初始化。调用 RCC_APB2PeriphClockCmd() 时还输入了参数 RCC_APB2Periph_AFIO，表示开启 AFIO 的时钟。

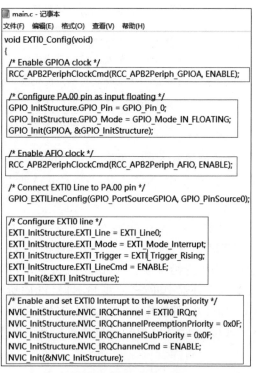

图 5-4　初始化结构体的定义　　　　　图 5-5　外部中断配置

AFIO(alternate-function I/O)是指 GPIO 端口的复用功能。GPIO 除了用作普通的输入/输出（主功能），还可以作为片上外设的复用输入/输出，如串口、ADC，这些就是复用功能。大多数 GPIO 都有一个默认复用功能，有的 GPIO 还有重映射功能。重映射功能是指把原来属于 A 引脚的默认复用功能转移到 B 引脚进行使用，前提是 B 引脚具有这个重映射功能。当把 GPIO 用作 EXTI 外部中断或使用重映射功能的时候，必须开启 AFIO 时钟，而在使用默认复用功能的时候，就不必开启 AFIO 时钟了。

EXTI 初始化配置可参考固件库函数,如图 5-6 所示,打开"STM32F10x 固件库中文解释 V2.0.pdf"并查找 EXTI_Init()函数。

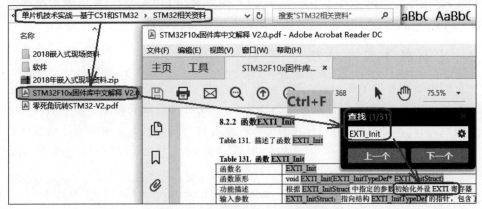

图 5-6　查找外部中断初始化函数

(1).EXTI_Line＝EXTI_Line0:给 EXTI_Line 成员赋值。选择 EXTI_Line0 线进行配置,因为按键的 PA0 连接到了 EXTI_Line0。中断线的线号与 Pin 的引脚号一致,如表 5-3 所示。例如,PB2、PC2、PD2、PE2 等外部中断线均为 Line2。

表 5-3　EXTI_Line 的值及描述

引脚编号	EXTI_Line	描　　述
Pin0	EXTI_Line0	外部中断线 0
Pin1	EXTI_Line1	外部中断线 1
Pin2	EXTI_Line2	外部中断线 2
⋮	⋮	⋮
Pin15	EXTI_Line15	外部中断线 15

(2).EXTI_Mode＝EXTI_Mode_Interrupt:给 EXTI_Mode 成员赋值,把 EXTI_Mode 的模式设置为中断模式(EXTI_Mode_Interrupt)。这个结构体成员也可以赋值为事件模式(EXTI_Mode_Event),这个模式不会立刻触发中断,而只是在寄存器上把相应的事件标志位置 1,应用这个模式需要不停地查询相应的寄存器。

(3).EXTI_Trigger＝EXTI_Trigger_Falling:给 EXTI_Trigger 成员赋值,把触发方式(EXTI_Trigger)设置为下降沿触发(EXTI_Trigger_Falling)。

(4).EXTI_LineCmd＝ENABLE:给 EXTI_LineCmd 成员赋值,把 EXTI_LineCmd 设置为使能。

(5)最后调用 EXTI_Init()把 EXTI 初始化结构体的参数写入寄存器。

采用与图 5-6 类似的方法查看固件库 NVIC_Init()函数,打开…\单片机技术实战—基于 C51 和 STM32\STM32 相关资料\STM32F10x 固件库中文解释 V2.0.pdf。

由于本实例工程简单,抢占优先级和响应优先级直接设置为最低级中断。填充完结构体,最后调用 NVIC_Init()函数来向寄存器写入参数。这里要注意的是,如果所用的 I/O 端口是 IO0~IO4,那么对应的中断向量是 EXTI0_IRQn~EXTI4_IRQn;如果所用的 I/O 端口是 IO5～IO9 中的某一个,对应的中断向量只能是 EXTI9_5_IRQn,即端口 5～9 共用一个中断服务程序;如果用的 I/O 端口是 IO10～IO15 中的一个,对应的中断向量也只能是 EXTI15_10_IRQn。举例:如果 PE5 或者 PE6 作为 EXTI 中断端口,那么对应的中断向量都是 EXTI9_5_IRQn,在同一时刻只能响应来自一个 I/O 端口的 EXTI 中断。

5.2.2 中断服务程序编程

所有的中断服务程序在 stm32f10x_it.c 中实现。"stm32f10x_it.c"文件是专门用来存放中断服务函数的(当然也可以放在其他文件中)。文件中默认只有几个关于系统异常的中断服务函数,而且都是空函数,用户在需要的时候可自行编写。那么中断服务函数名是不是可以自行定义呢? 答案是不可以。中断服务函数的名称必须要与启动文件 startup_stm32f10x_md.s 中的中断向量表定义一致。

在固件库的 Project→STM32F10x_StdPeriph_Examples→EXTI→EXTI_Config 文件夹下,再打开 EXTI_Config 下的 stm32f10x_it.c,如图 5-7 所示。

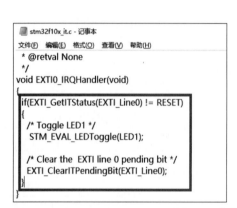
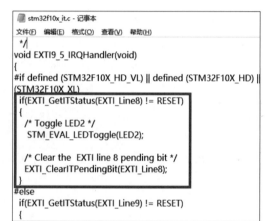

图 5-7　中断服务程序函数实例

EXTI0_IRQHandler 表示为 EXTI0 中断向量的服务函数名。于是,就可以在 stm32f10x_it.c 文件中加入名为 EXTI0_IRQHandler()的函数。

进入中断后,调用库函数 EXTI_GetITStatus()来重新检查是否产生了 EXTI_Line 中断;调用 EXTI_ClearITPendingBit()清除中断标志位再退出中断服务函数。这两个函数的解释见帮助文档。

中断服务程序比较简单,很容易读懂,但在写中断函数入口的时候要注意函数名的写法,函数名只有以下两种命名方法。

(1) EXTI0_IRQHandler;EXTI Line 0

　　　EXTI1_IRQHandler;EXTI Line 1

　　　EXTI2_IRQHandler;EXTI Line 2

　　　EXTI3_IRQHandler;EXTI Line 3

　　　EXTI4_IRQHandler;EXTI Line 4

(2) EXTI9_5_IRQHandler;EXTI Line 9..5

　　　EXTI15_10_IRQHandler;EXTI Line 15..10

中断线在 5 之后的就不能像 0～4 那样只有单独一个函数名，都必须写成 EXTI9_5_IRQHandler 和 EXTI15_10_IRQHandle、假如写成 EXTI5_IRQHandler、EXTI6_IRQHandler……EXTI15_IRQHandler，编译器是不会报错的，不过中断服务程序不能工作。所以如果不知道这样的区别，会浪费很多时间来查找错误。

5.3 STM32 中断输入应用实例：按键中断

5.3.1 基于标准库的竞赛板上实现

实现的功能要求：

① 屏幕初始化显示如下。

第 1 行："KEY TEST DEMO   "。

第 3 行："Press the button..."。

② 当按键 B1～B4 中某一个被按下时，分别显示"ButtonN pressed..."（N 表示对应的按键号）。

1. Key 外部中断硬件连接原理

Key 外部中断硬件电路图如图 5-8 所示。当按键未按下时，STM32 端口引脚通过上拉电阻输入高电平(3.3V)；按下按键后，端口引脚接地(0V)。根据电路图，当按下按键时采用中断方式触发，必须开启 PA0、PA8、PB1、PB2 的中断。

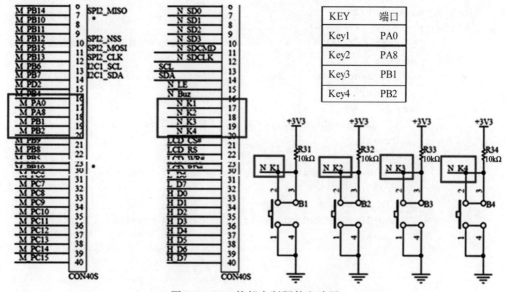

图 5-8 Key 外部中断硬件电路图

2. 代码实现

（1）main.c 文件。

```
/**********************************************************************
* 程序说明：1.使用程序前，确认按键相关引脚已经通过跳线正确连接
*         2.B1-PA0   B2-PA8   B3-PB1   B4-PB2 *
```

77

第
5
章

STM32 中断输入

```
*********************************************************************/
#include "stm32f10x.h"
#include "lcd.h"

uint32_t TimingDelay = 0;
uint8_t EXTI_Status = 0;                            //全局变量,记录按键号

void Delay_Ms(uint32_t nTime);
void EXTI_Config(void);
int main(void)
{   SysTick_Config(SystemCoreClock/1000);   //每隔 1ms 中断一次
    EXTI_Config();
    //LCD 工作模式配置
    STM3210B_LCD_Init();
    LCD_Clear(White);
    LCD_SetTextColor(White);
    LCD_SetBackColor(Blue);
    LCD_ClearLine(Line0);
    LCD_ClearLine(Line1);
    LCD_ClearLine(Line2);
    LCD_ClearLine(Line3);
    LCD_ClearLine(Line4);
    LCD_DisplayStringLine(Line1,"   KEY EXTI DEMO      ");
    LCD_DisplayStringLine(Line3," Press the button...");
    LCD_SetTextColor(Blue);
    LCD_SetBackColor(White);
    while(1){
        switch(EXTI_Status)                        //根据按键号,显示不同按键并按下
        {   case 1:
                LCD_DisplayStringLine(Line7," Button1 pressed...");
                break;
            case 2:
                LCD_DisplayStringLine(Line7," Button2 pressed...");
                break;
            case 3:
                LCD_DisplayStringLine(Line7," Button3 pressed...");
                break;
            case 4:
                LCD_DisplayStringLine(Line7," Button4 pressed...");
                break;
        }
    }
}

void EXTI_Config(void) //可以单独新建一个 key.c 文件,将该配置函数配置到 key.c 文件中
{   EXTI_InitTypeDef EXTI_InitStructure;        //定义结构体类型变量
    GPIO_InitTypeDef GPIO_InitStructure;
    NVIC_InitTypeDef NVIC_InitStructure;
    /* Enable GPIOA clock */
    RCC_APB2PeriphClockCmd(RCC_APB2Periph_GPIOA,ENABLE);        //开启时钟
    RCC_APB2PeriphClockCmd(RCC_APB2Periph_GPIOB,ENABLE);
```

```
RCC_APB2PeriphClockCmd(RCC_APB2Periph_AFIO,ENABLE);
//PA0-BUTTON1
GPIO_InitStructure.GPIO_Pin = GPIO_Pin_0;
GPIO_InitStructure.GPIO_Mode = GPIO_Mode_IN_FLOATING;          //浮空输入
GPIO_Init(GPIOA,&GPIO_InitStructure);                          //PA.0初始化
GPIO_EXTILineConfig(GPIO_PortSourceGPIOA,GPIO_PinSource0);     //中断线配置
/* Configure EXTI0 line */
EXTI_InitStructure.EXTI_Line = EXTI_Line0;
EXTI_InitStructure.EXTI_Mode = EXTI_Mode_Interrupt;
EXTI_InitStructure.EXTI_Trigger = EXTI_Trigger_Falling;
EXTI_InitStructure.EXTI_LineCmd = ENABLE;
EXTI_Init(&EXTI_InitStructure);                               //外部中断初始化
/* Enable and set EXTI0 Interrupt to the lowest priority */
NVIC_InitStructure.NVIC_IRQChannel = EXTI0_IRQn;
NVIC_InitStructure.NVIC_IRQChannelPreemptionPriority = 0x0F;   //抢占优先级设置
NVIC_InitStructure.NVIC_IRQChannelSubPriority = 0x0F;          //响应优先级设置
NVIC_InitStructure.NVIC_IRQChannelCmd = ENABLE;
NVIC_Init(&NVIC_InitStructure);                 //外部中断线0中断管理初始化
//PA8-BUTTON2
GPIO_InitStructure.GPIO_Pin = GPIO_Pin_8;
GPIO_InitStructure.GPIO_Mode = GPIO_Mode_IN_FLOATING;
GPIO_Init(GPIOA,&GPIO_InitStructure);
GPIO_EXTILineConfig(GPIO_PortSourceGPIOA,GPIO_PinSource8);
/* Configure EXTI9_5 line */
EXTI_InitStructure.EXTI_Line = EXTI_Line8;
EXTI_InitStructure.EXTI_Mode = EXTI_Mode_Interrupt;
EXTI_InitStructure.EXTI_Trigger = EXTI_Trigger_Rising;
EXTI_InitStructure.EXTI_LineCmd = ENABLE;
EXTI_Init(&EXTI_InitStructure);
/* Enable and set EXTI9_5 Interrupt to the lowest priority */
//外部中断5~中断9共用同一个中断服务程序
NVIC_InitStructure.NVIC_IRQChannel = EXTI9_5_IRQn;             //注意此处为9_5
NVIC_InitStructure.NVIC_IRQChannelPreemptionPriority = 0x0F;
NVIC_InitStructure.NVIC_IRQChannelSubPriority = 0x0F;
NVIC_InitStructure.NVIC_IRQChannelCmd = ENABLE;
NVIC_Init(&NVIC_InitStructure);
GPIO_InitStructure.GPIO_Pin = GPIO_Pin_1;
GPIO_InitStructure.GPIO_Mode = GPIO_Mode_IN_FLOATING;
GPIO_Init(GPIOB,&GPIO_InitStructure);
GPIO_EXTILineConfig(GPIO_PortSourceGPIOB,GPIO_PinSource1);
/* Configure EXTI1 line */
EXTI_InitStructure.EXTI_Line = EXTI_Line1;
EXTI_InitStructure.EXTI_Mode = EXTI_Mode_Interrupt;
EXTI_InitStructure.EXTI_Trigger = EXTI_Trigger_Falling;
EXTI_InitStructure.EXTI_LineCmd = ENABLE;
EXTI_Init(&EXTI_InitStructure);
/* Enable and set EXTI1 Interrupt to the lowest priority */
NVIC_InitStructure.NVIC_IRQChannel = EXTI1_IRQn;
NVIC_InitStructure.NVIC_IRQChannelPreemptionPriority = 0x0F;
NVIC_InitStructure.NVIC_IRQChannelSubPriority = 0x0F;
NVIC_InitStructure.NVIC_IRQChannelCmd = ENABLE;
```

```
    NVIC_Init(&NVIC_InitStructure);
    GPIO_InitStructure.GPIO_Pin = GPIO_Pin_2;
    GPIO_InitStructure.GPIO_Mode = GPIO_Mode_IN_FLOATING;
    GPIO_Init(GPIOB,&GPIO_InitStructure);
    GPIO_EXTILineConfig(GPIO_PortSourceGPIOB,GPIO_PinSource2);
    /* Configure EXTI2 line */
    EXTI_InitStructure.EXTI_Line = EXTI_Line2;
    EXTI_InitStructure.EXTI_Mode = EXTI_Mode_Interrupt;
    EXTI_InitStructure.EXTI_Trigger = EXTI_Trigger_Falling;
    EXTI_InitStructure.EXTI_LineCmd = ENABLE;
    EXTI_Init(&EXTI_InitStructure);
    /* Enable and set EXTI2 Interrupt to the lowest priority */
    NVIC_InitStructure.NVIC_IRQChannel = EXTI2_IRQn;
    NVIC_InitStructure.NVIC_IRQChannelPreemptionPriority = 0x0F;
    NVIC_InitStructure.NVIC_IRQChannelSubPriority = 0x0F;
    NVIC_InitStructure.NVIC_IRQChannelCmd = ENABLE;
    NVIC_Init(&NVIC_InitStructure);
}
void Delay_Ms(uint32_t nTime)
{   TimingDelay = nTime;
    while(TimingDelay != 0);
}
```

（2）外部中断服务程序编程。

在中断文件中增加外部全局变量 extern uint8_t EXTI_Status;，如图 5-9 所示。

图 5-9　增加外部全局变量

增加外部中断函数，代码分别如下。

```
void EXTI0_IRQHandler(void)
{   if(EXTI_GetITStatus(EXTI_Line0) != RESET)
    {   EXTI_Status = 1;
        EXTI_ClearITPendingBit(EXTI_Line0);
    }
}
void EXTI1_IRQHandler(void)
{   if(EXTI_GetITStatus(EXTI_Line1) != RESET)
    {   EXTI_Status = 3;
        EXTI_ClearITPendingBit(EXTI_Line1);
```

```
    }
}
void EXTI2_IRQHandler(void)
{   if(EXTI_GetITStatus(EXTI_Line2) != RESET)
    {   EXTI_Status = 4;
        EXTI_ClearITPendingBit(EXTI_Line2);
    }
}
void EXTI9_5_IRQHandler(void)
{   //外部中断5~中断9共用本中断服务程序
    if(EXTI_GetITStatus(EXTI_Line8) != RESET)
    {   EXTI_Status = 2;
        EXTI_ClearITPendingBit(EXTI_Line8);
    }
}
```

3. 程序调试

加载相关文件到工程中,片内外设驱动文件目录如图 5-10 所示,本例程用到的片内外设固件库驱动文件(.c 文件)如图 5-11 所示。

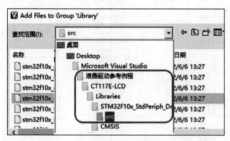

图 5-10　片内外设驱动文件目录

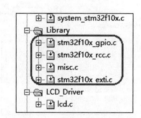

图 5-11　片内外设工程文件

将程序下载到竞赛板,结果如图 5-12 所示。

图 5-12　开发板实物图

STM32 中断输入

5.3.2　基于 CubeMX 的 Proteus 仿真实现

功能要求：

① 屏幕初始化显示如下。

第 1 行："　KEY TEST DEMO　　"。

第 3 行："　　Press the button...　　　"。

② 当按键 B1～B4 中某一个被按下时，分别显示"ButtonN pressed..."（N 表示对应的按键号）。

1. 仿真原理

基于 Proteus 的按键仿真电路图如图 5-13 所示，在 LCD 原理图的基础之上加了 4 个按键，分别接在 PA2～PA5 引脚上。

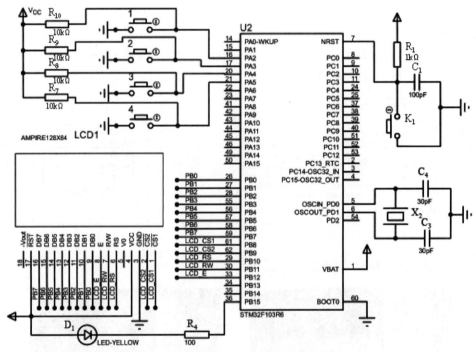

图 5-13　基于 Proteus 的按键仿真电路图

2. CubeMX 配置

中断配置时，LCD 屏只需要加载驱动文件即可。跟液晶显示例程过程类似，除了按键相关端口配置中断外，其他配置具体操作可以参考 LED 灯例程。配置过程如下。

（1）启动 STM32 CubeMX 软件，新建工程。

（2）根据原理图中的处理器，选择型号为 STM32F103R6 的处理器。

（3）配置时钟源及端口：选择外部晶振作为高速时钟。

根据原理图，将 PA2、PA3、PA4、PA5 端口分别配置成中断输入，如图 5-14 所示。

配置下降沿触发中断，如图 5-15 所示。

允许响应 4 个外部中断，如图 5-16 所示。

配置中断 NVIC，设置组 2（2 位抢占优先级、2 位响应优先级），如图 5-17 所示。

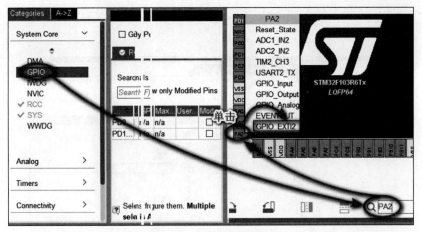

图 5-14　端口中断配置

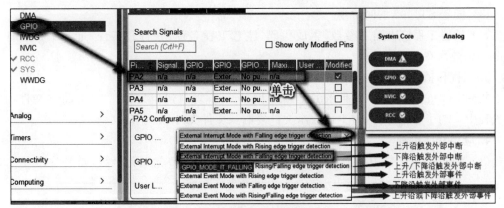

图 5-15　端口初值配置

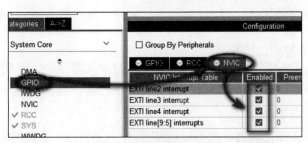

图 5-16　外部中断允许设置

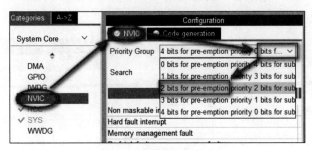

图 5-17　设置中断分组

分别给 4 个引脚设置抢占、响应优先级(一般定时器优先级设置较高、外部中断优先级低),如图 5-18 所示。

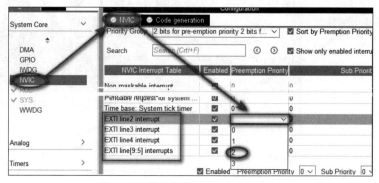

图 5-18　配置中断抢占、响应优先级

(4) 配置 STM32 的时钟树。

(5) 设置工程输出配置参数,生成代码,注意工程名称,并打开工程,进入工程后打开 main()函数所在文件夹。

3. 工程移植

找到 LCD 的 3 个驱动文件 lcd.c、lcd.h 和 ascii.h,复制到相关文件夹,并将.c 文件加载到工程中。为了方便操作,将上面 3 个文件复制到文件夹"LCD 驱动文档"中。

4. 应用程序编程

(1) 在 main.c 文件中添加 #include "lcd.h"语句及 LCD 初始化函数,如图 5-19 所示。

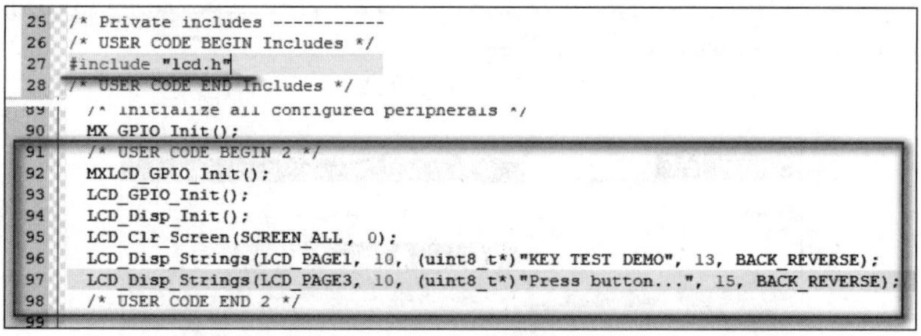

```
25  /* Private includes ----------
26  /* USER CODE BEGIN Includes */
27  #include "lcd.h"
28  /* USER CODE END Includes */
89      /* Initialize all configured peripherals */
90      MX_GPIO_Init();
91      /* USER CODE BEGIN 2 */
92      MXLCD_GPIO_Init();
93      LCD_GPIO_Init();
94      LCD_Disp_Init();
95      LCD_Clr_Screen(SCREEN_ALL, 0);
96      LCD_Disp_Strings(LCD_PAGE1, 10, (uint8_t*)"KEY TEST DEMO", 13, BACK_REVERSE);
97      LCD_Disp_Strings(LCD_PAGE3, 10, (uint8_t*)"Press button...", 15, BACK_REVERSE);
98      /* USER CODE END 2 */
99
```

图 5-19　LCD 初始化代码

(2) 本例程有 4 个按键分别产生中断,在程序中分别对这 4 个按键编号:1、2、3、4,用一个全局变量 EXTI_Status 记录哪个按键被按下,该全局变量在 main.c 文件中定义,在中断文件中用 extern 重新定义,如图 5-20 所示。

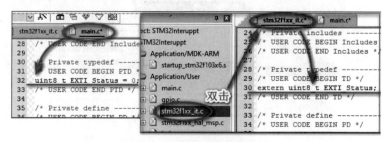

图 5-20　外部全局变量的定义

根据原理图,PA2～PA5 产生中断,找到中断服务程序,如图 5-21 所示。

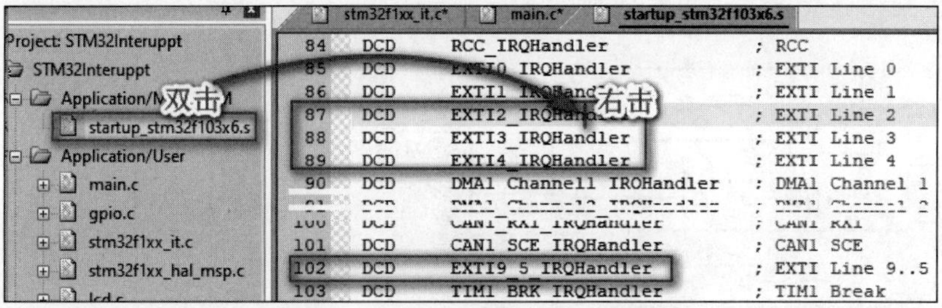

图 5-21　进入中断服务程序的操作

分别进入 4 个中断服务程序,编写代码,如图 5-22 所示。

```
void EXTI2_IRQHandler(void)
{
  /* USER CODE BEGIN EXTI2_IRQn 0 */
EXTI_Status = 1;
  /* USER CODE END EXTI2_IRQn 0 */
  HAL_GPIO_EXTI_IRQHandler(GPIO_PIN_2);
  /* USER CODE BEGIN EXTI2_IRQn 1 */

  /* USER CODE END EXTI2_IRQn 1 */
}
```

```
void EXTI3_IRQHandler(void)
{
  /* USER CODE BEGIN EXTI3_IRQn 0 */
EXTI_Status = 2;
  /* USER CODE END EXTI3_IRQn 0 */
  HAL_GPIO_EXTI_IRQHandler(GPIO_PIN_3);
  /* USER CODE BEGIN EXTI3_IRQn 1 */

  /* USER CODE END EXTI3_IRQn 1 */
}
```

```
void EXTI4_IRQHandler(void)
{
  /* USER CODE BEGIN EXTI4_IRQn 0 */
EXTI_Status = 3;
  /* USER CODE END EXTI4_IRQn 0 */
  HAL_GPIO_EXTI_IRQHandler(GPIO_PIN_4);
  /* USER CODE BEGIN EXTI4_IRQn 1 */

  /* USER CODE END EXTI4_IRQn 1 */
}
```

```
void EXTI9_5_IRQHandler(void)
{
  /* USER CODE BEGIN EXTI9_5_IRQn 0 */
EXTI_Status = 4;
  /* USER CODE END EXTI9_5_IRQn 0 */
  HAL_GPIO_EXTI_IRQHandler(GPIO_PIN_5);
  /* USER CODE BEGIN EXTI9_5_IRQn 1 */

  /* USER CODE END EXTI9_5_IRQn 1 */
}
```

图 5-22　中断服务程序的编程

在 main()函数中循环判断哪个按键被按下,显示按键号,如图 5-23 所示。

```
  /* USER CODE BEGIN WHILE */
  while (1)
  {
      switch(EXTI_Status)
    {
    case 1:
      LCD_Disp_Strings(LCD_PAGE5, 10, (uint8_t*)"Button1 pressed", 17, BACK_REVERSE);
      break;
    case 2:
      LCD_Disp_Strings(LCD_PAGE5, 10, (uint8_t*)"Button2 pressed", 17, BACK_REVERSE);
      break;
    case 3:
      LCD_Disp_Strings(LCD_PAGE5, 10, (uint8_t*)"Button3 pressed", 17, BACK_REVERSE);
      break;
    case 4:
      LCD_Disp_Strings(LCD_PAGE5, 10, (uint8_t*)"Button4 pressed", 17, BACK_REVERSE);
      break;
    }
    /* USER CODE END WHILE */

    /* USER CODE BEGIN 3 */
  }
  /* USER CODE END 3 */
}
```

图 5-23　main()函数中应用程序编程

经编译链接后,加载程序至 Proteus 处理器中,运行后分别按 4 个按键,会产生中断,并在 LCD 屏上显示按键号,如图 5-24 所示。

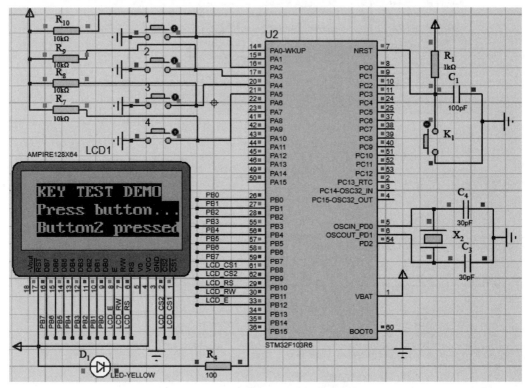

图 5-24　基于 Proteus 的按键仿真现象

习　题　5

试修改 5.3 节程序,编程实现如下功能。

开机 LCD 屏初始化显示如下。

第 1 行:"Press any key"。

第 2 行:"Waiting……"。

当按下相应按键时,显示信息如下。

(1) 按第 1 个按键,显示屏第 1 行显示学号,第 2 行不显示。

(2) 按第 2 个按键,显示屏第 1 行显示学号,第 2 行显示"Welcome to HBEU"。

(3) 按第 3 个按键,清屏,什么都不显示。

(4) 按第 4 个按键,依次滚动显示:"Welcome to HBEU""Computer Depart""www.HBEU.cn""学号"……

当按下其他任意键后,LCD 屏显示信息才改变。

注意:滚动显示即

第 1 行显示字符串 1

第 2 行显示字符串 2

延时

第 1 行显示字符串 2

第 2 行显示字符串 3

延时

第 1 行显示字符串 3

第 2 行显示字符串 4

延时

第 1 行显示字符串 4

第 2 行显示字符串 1

延时

第 1 行显示字符串 1

第 2 行显示字符串 2

延时

……

第6章 STM32 定时器

本章主要介绍 STM32 定时器相关内容,包括 SysTick 系统时钟、基本定时器及 PWM 输出。从编程角度看,SysTick 系统时钟最简单,重点注意 SysTick 系统时钟的特点,理解 STM32 定时器的时钟、定时时间的计算。在 Proteus 仿真中会出现时间延迟现象,建议定时器的功能在实物上实现。PWM 调控应用广泛,重点理解 PWM 的基本原理及配置过程。 PWM 输出在 Proteus 仿真中也会出现时间延迟现象,开发人员可以通过 Keil 自带的逻辑分析仪观察波形,并在实物上实现 PWM 输出。

6.1 STM32 系统时钟

单片机定时器通过编程设置,能够让单片机在规定的时间执行某功能。它主要作加 1 或减 1 运算,加满了(达到最大值)或减到 0 则溢出,产生中断,通知 CPU 做进一步处理。

6.1.1 SysTick 时钟概述

SysTick 定时器被捆绑在中断控制器(NVIC)中,用于产生 SysTick 异常(异常号:15)。在以前,操作系统和所有使用了时基的系统都必须有一个硬件定时器来产生需要的滴答中断,作为整个系统的时基。滴答中断对操作系统尤其重要。例如,操作系统可以为多个任务分配不同数量的时间片,确保没有一个任务能霸占系统;或者将每个定时器周期的某个时间范围赋予特定的任务等,操作系统提供的各种定时功能都与这个滴答定时器有关。因此,需要一个定时器来产生周期性的中断,而且最好让用户程序不能随意访问它的寄存器,以维持操作系统"心跳"的节律。

Cortex-M3 在内核部分包含了一个简单的定时器——SysTick。因为所有的 CM3 芯片都带有这个定时器,软件在不同芯片生产厂商的 CM3 器件间的移植工作也得以简化。该定时器的时钟源可以是内部时钟(FCLK,CM3 上的自由运行时钟),或者是外部时钟(CM3 处理器上的 STCLK 信号)。不过,STCLK 的具体来源则由芯片设计者决定,不同产品间的时钟频率可能大不相同,因此,用户需要阅读芯片的使用手册来确定选择什么作为时钟源。在 STM32 中 SysTick 以 HCLK(AHB 时钟)或 HCLK/8 作为运行时钟,如图 6-1 所示。

SysTick 定时器能产生中断,CM3 为它专门开发出一个异常类型,并且在向量表中有它的一席之地。它使操作系统和其他系统软件在 CM3 器件间的移植变得简单多了,因为在所有 CM3 产品间,SysTick 的处理方式都是相同的。SysTick 定时器除了能服务于操作系统之外,还能用于其他目的,如作为一个闹铃、用于测量时间等。SysTick 定时器属于 Cortex 内核部件,在片内外设的固件库中找不到相关函数,即在 STM32F10x 固件库中文解

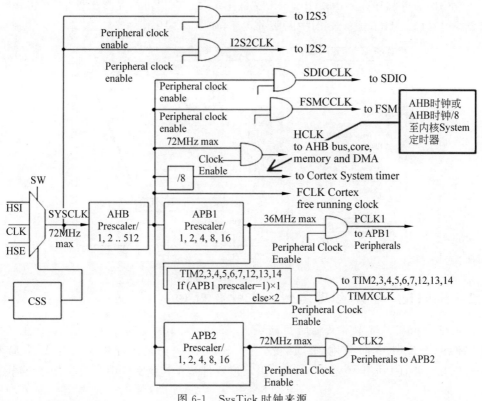

图 6-1　SysTick 时钟来源

释 V2.0.pdf 文件中没有相关内容。

SysTick 是一个 24 位的定时器,即一次最多可以计数 2^{24} 个时钟脉冲,这个脉冲计数值被保存到当前计数值寄存器 STK_VAL(SysTick current value register)中,只能向下计数,每接收到一个时钟脉冲 STK_VAL 的值就向下减 1,直至 0。当 STK_VAL 的值被减至 0 时,由硬件自动把重载寄存器 STK_LOAD(SysTick reload value register)中保存的数据加载到 STK_VAL,重新向下计数。当 STK_VAL 的值被计数至 0 时,触发异常,就可以在中断服务函数(SysTick_Handler)中处理定时事件了。

STM32 所有中断服务程序的函数名均由系统定义好,用户不能修改,在启动文件中的中断向量列表中可以查看,如图 6-2 所示。

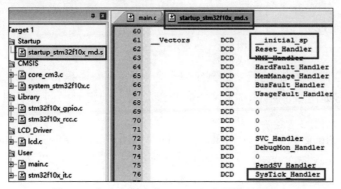

图 6-2　启动文件中的 SysTick 中断服务程序名

一般中断服务程序在 stm32f10x_it.c 文件中编写。在提供的完整工程中，双击该文件，可以查找 SysTick_Handler(void)中断服务程序，如图 6-3 所示。

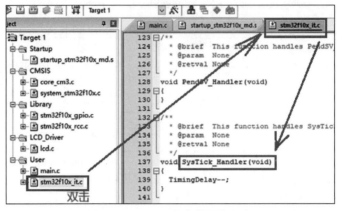

图 6-3 SysTick 的中断服务程序

6.1.2 SysTick 时钟应用实例：毫秒延时的实现

首先在 main()函数中定义全局变量 u32 TimingDelay＝0，如图 6-4 所示，在主文件和中断文件两个文件中都会用到。因此，在 stm32f10x_it.c 文件中也要定义全局变量 TimingDelay，并且要加上关键字 extern，表示该变量是在其他文件中定义的外部全局变量，如图 6-4 所示。

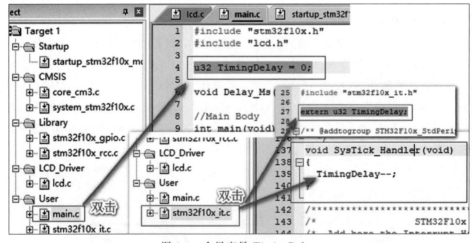

图 6-4 全局变量 TimingDelay

在 SysTick 定时器中断中，只要达到定时要求，则实现减 1 操作。查看 SysTick_Config() 函数的使用说明，如图 6-5 所示，即配置 SysTick 定时器的定时时间。下列参数分别表示不同的定时时间。

SystemCoreClock/1000：1ms 中断 1 次，即每隔 1ms 进入 SysTick_Handler()1 次。

SystemCoreClock/100000：10μs 中断 1 次，即每隔 10μs 进入 SysTick_Handler()1 次。

SystemCoreClock/1000000：1μs 中断 1 次，即每隔 1μs 进入 SysTick_Handler()1 次。

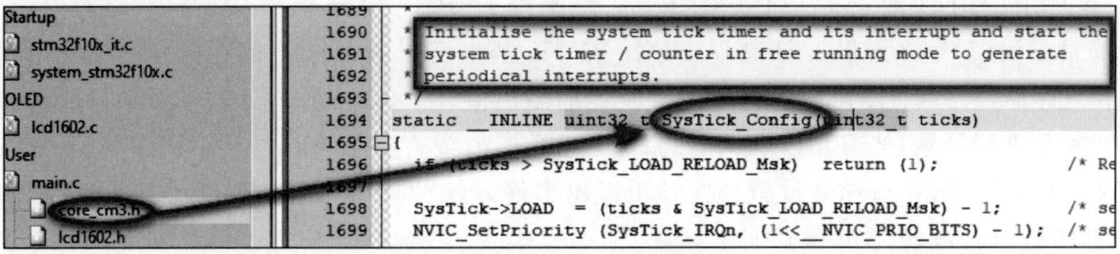

图 6-5　查看 SysTick 配置函数

main()函数中调用 SysTick_Config(SystemCoreClock/1000)表示每隔 1ms 进入中断 1 次。

分析 Delay_Ms(200)函数,代码如下:

```
void Delay_Ms(u32 nTime)
{
    TimingDelay = nTime;
    while(TimingDelay != 0);
}
```

调用 Delay_Ms(200)后,实参 200 传给形参 nTime 后,全局变量 TimingDelay＝200, Delay_Ms()函数在执行 while(TimingDelay!＝0)循环的时候,因为每隔 1ms 进入 SysTick_Handler(void)执行一次,TimingDelay 减 1(代码如下),所以 Delay_Ms(200)函数执行完后,延时了 200ms。

```
void SysTick_Handler(void)
{
    TimingDelay--;
}
```

注意:HAL 库有延时函数 HAL_Delay(),默认以 ms 为单位,可以直接调用。HAL 库的中断函数 SysTick_Handler()也是默认每隔 1ms 中断一次,并且其中断优先级别最高。

6.2　STM32 基本定时器

6.2.1　STM32 基本定时器简介

SysTick 一般只用于系统时钟的计时,STM32 的定时器外设功能强大到超出了人们的想象,STM32 参考手册中仅对定时器的介绍就已经占了 100 多页。STM32 共有 8 个均为 16 位的定时器。其中 TIM6、TIM7 是基本定时器;TIM2、TIM3、TIM4、TIM5 是通用定时器;TIM1 和 TIM8 是高级定时器。这些定时器使 STM32 具有定时、信号的频率测量、信号的 PWM 测量、PWM 输出、三相 6 步电机控制及编码器接口等功能,都是专门为工控领域量身定做的。

1. 基本定时器工作分析

基本定时器 TIM6 和 TIM7 只具备最基本的定时功能,就是累加的时钟脉冲数超过预定值时,能触发中断或触发 DMA 请求。由于芯片内部与 DAC 外设相连,因此它可通过触发输出驱动 DAC,也可以作为其他通用定时器的时钟基准。基本定时器结构如图 6-6 所示,其使用的时钟源都是 TIMxCLK,时钟源经过 PSC 预分频器(程序中通过 Time_Prescaler 设置)输入至脉冲计数器 TIMx_CNT,基本定时器只能工作在向上计数模式,在重载寄存器 TIMx_ARR 中保存的是定时器的溢出值。工作时,脉冲计数器 TIMx_CNT 由时钟触发进行计数,当 TIMx_CNT 的计数值等于重载寄存器 TIMx_ARR 中保存的数值(程序中通过 Time_period 设置)时,产生溢出事件,可触发中断或 DMA 请求。然后 TIMx_CNT 的值重新被置为 0,重新向上计数。

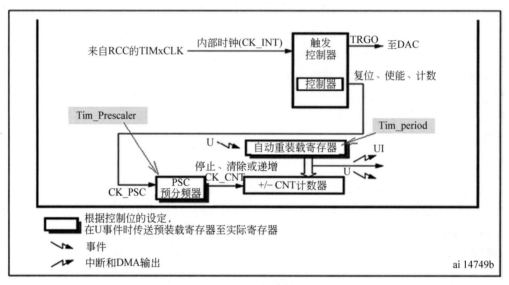

图 6-6   基本定时器结构

2. STM32 定时器的时钟源

从时钟源方面来说,通用定时器比基本定时器多了一个选择,它可以使用外部脉冲作为定时器的时钟源。使用外部时钟源时,要使用寄存器进行触发边沿、滤波器带宽的配置。如果选择内部时钟源则与基本定时器一样,也为 TIMxCLK。但要注意的是,所有定时器(包括基本、通用和高级)使用内部时钟时,定时器的时钟源都被称为 TIMxCLK,但 TIMxCLK 的时钟来源并不是完全一样的,如图 6-7 所示的时钟树(TIMxCLK 部分)。

TIM2~TIM7 也就是基本定时器和通用定时器,TIMxCLK 的时钟来源是 APB1 预分频器的输出。当 APB1 的分频系数为 1 时,则 TIM2~TIM7 的 TIMxCLK 直接等于该 APB1 预分频器的输出,而 APB1 的分频系数不为 1 时,TIM2~TIM7 的 TIMxCLK 则为 APB1 预分频器输出的 2 倍。

如在常见的配置中,AHB=72MHz,APB1 预分频器的分频系数被配置为 2,则 PCLK1 刚好达到最大值 36MHz,此时 APB1 的分频系数不为 1,则 TIM2~TIM7 的时钟 TIMxCLK=(AHB/2)×2=72MHz。

对于 TIM1 和 TIM8 这两个高级定时器,TIMxCLK 的时钟来源则是 APB2 预分频器的输出,同样它也根据分频系数分为两种情况。

常见的配置中 AHB=72MHz,APB2 预分频器的分频系数被配置为 1,此时 PCLK2 刚好达到最大值 72MHz,而 TIMxCLK 直接等于 APB2 分频器的输出,即 TIM1 和 TIM8 的时钟 TIMxCLK=AHB=72MHz。

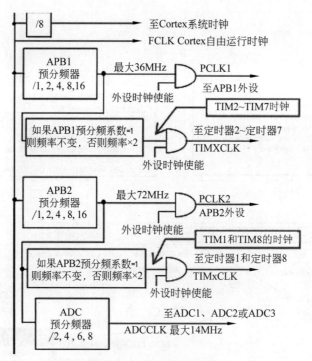

图 6-7　TIMxCLK 时钟树

虽然这种配置下最终 TIMxCLK 的时钟频率相等,但必须清楚实质上它们的时钟来源是有区别的。还要强调的是:TIMxCLK 是定时器内部的时钟源,但在时钟输出到脉冲计数器 TIMx_CNT 前,还经过一个预分频器 PSC,最终用于驱动脉冲计数器 TIMx_CNT 的时钟频率根据预分频器 PSC 的配置而定。

6.2.2　STM32 基本定时器固件库驱动实例及函数详解

1. 基本定时器驱动编程

在固件库的 Project→STM32F10x_StdPeriph_Examples→TIM→TimeBase 文件夹下,打开 main.c 文件。

基本定时器结构体类型变量的定义、开启定时器时钟、定时器中断配置、基本定时器初始化配置分别如图 6-8～图 6-11 所示。从中文版固件库中查找 TIM_TimeBaseInit()函数,如图 6-12 所示。

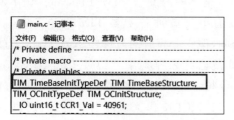

图 6-8　基本定时器结构体类型变量的定义

图 6-9　开启定时器时钟

STM32 定时器

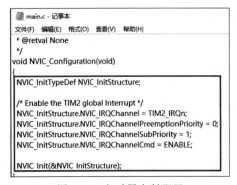

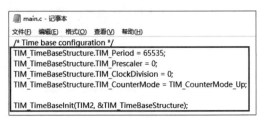

图 6-10　定时器中断配置　　　　　　　　图 6-11　基本定时器初始化配置

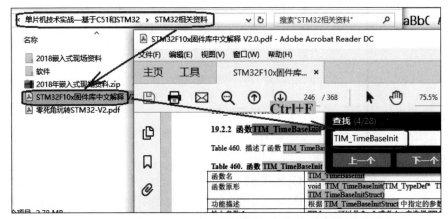

图 6-12　查找基本定时器初始化函数

（1）TIM_Period。定时周期，实质是存储到重载寄存器 TIMx_ARR 的数值，脉冲计数器从 0 累加到这个值上溢或从这个值自减至 0 下溢。这个数值加 1 后乘以时钟源周期就是实际定时周期。例如该成员赋值为 49999，实际定时周期为 $(49999+1) \times T$，T 为时钟源周期。

（2）TIM_Prescaler。对定时器时钟 TIMxCLK 的预分频值，分频后作为脉冲计数器 TIMx_CNT 的驱动时钟，得到脉冲计数器的时钟频率为：$f_{CK\_CNT} = f_{TIMxCLK}/(N+1)$，其中 N 即为赋予本成员 TIM_Prescaler 的值，若 TIMxCLK 为 72MHz，TIM_Prescaler（即 N）的值为 71，所以输出到脉冲计数器 TIMx_CNT 的时钟频率为 $f_{CK\_CNT} = 72\text{MHz}/(1+71) = 1\text{MHz}$，即每隔 $1\mu s$ 加（或减）一次 1。

（3）TIM_ClockDivision。时钟分频因子。怎么又出现一个配置时钟分频的呢？要注意这个 TIM_ClockDivision 与上面的 TIM_Prescaler 是不一样的。TIM_Prescaler 预分频配置是对 TIMxCLK 进行分频，分频后的时钟被输出到脉冲计数器 TIMx_CNT 中，而 TIM_ClockDivision 虽然也是对 TIMxCLK 进行分频，但它分频后的时钟频率为 f_{DTS}，是被输出到定时器的 ETRP 数字滤波器部分，会影响滤波器的采样频率。TIM_ClockDivision 可以被配置为 1 分频（$f_{DTS} = f_{TIMxCLK}$）、2 分频及 4 分频。ETRP 数字滤波器的作用是对外部时钟 TIMxETR 进行滤波。这里使用内部时钟 TIMxCLK 作为定时器时钟源，所以将 TIM_ClockDivision 配置为任何数值都没有影响。

（4）TIM_CounterMode。本成员配置的为脉冲计数器 TIMx_CNT 的计数模式，分别为向上计数模式、向下计数模式及中央对齐模式。向上计数模式即 TIMx_CNT 从 0 向上累加到 TIM_Period 中的值（重载寄存器 TIMx_ARR 的值），产生上溢事件；向下计数模式则 TIMx_CNT 从 TIM_Period 的值累减至 0，产生下溢事件。而中央对齐模式则为向上、向下计数的合体，TIMx_CNT 从 0 累加到 TIM_Period 的值减 1 时，产生一个上溢事件，然后向下计数到 1 时，产生一个计数器下溢事件，再从 0 开始重新计数。本例程中 TIM_CounterMode 成员被赋值为 TIM_CounterMode_Up（向上计数模式）。

中断时间计算：若 TIM_Period＝49999，TIM_Prescaler＝71，TIM_CounterMode 赋值为 TIM_CounterMode_Up。TIMCLK 时钟频率为 72MHz，TIMCNT 加 1 频率为 72/(71＋1)＝1MHz，每隔 1μs 加一次 1，共加 49999＋1＝50000 次后产生中断，即每隔 1μs×50000＝50ms 中断一次。

填充完配置参数后，调用函数 TIM_TimeBaseInit() 把这些控制参数写到寄存器中，定时器的时基配置就完成了。

继续在 main.c 文件中查看定时器中断配置及使能代码，如图 6-13 所示。可以查找中文版固件库函数 TIM_ITConfig()，如图 6-14 所示，其中 TIM_IT 取值可以选择 TIM_IT_Update，表示更新事件产生中断，如图 6-15 所示。最后执行 TIM_Cmd(TIM2, ENABLE)，定时器配置完成。

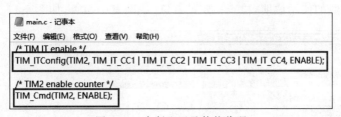

图 6-13　中断配置及使能代码

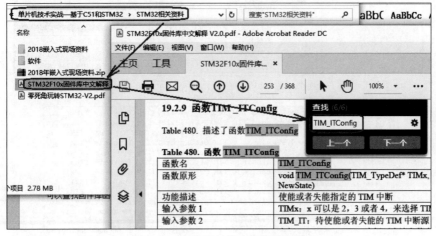

图 6-14　查找定时器中断配置函数

2. 基本定时器中断服务程序

打开参考例程，将对应的参数进行修改，如图 6-16 所示。

STM32 定时器

输入参数 TIM_IT 使能或者失能 TIM 的中断。可以取下表的一个或者多个取值的组合

Table 481. TIM_IT 值

TIM_IT	描述
TIM_IT_Update	TIM 中断源
TIM_IT_CC1	TIM 捕获/比较 1 中断源
TIM_IT_CC2	TIM 捕获/比较 2 中断源
TIM_IT_CC3	TIM 捕获/比较 3 中断源
TIM_IT_CC4	TIM 捕获/比较 4 中断源
TIM_IT_Trigger	TIM 触发中断源

图 6-15　TIM_IT 参数列表

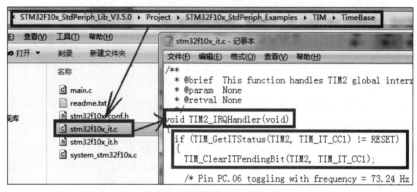

图 6-16　中断服务程序例程

找到对应函数的使用说明,检查指定的 TIM 中断发生与否,如图 6-17 和图 6-18 所示。

图 6-17　查找中文固件库 TIM_getITstatus()函数

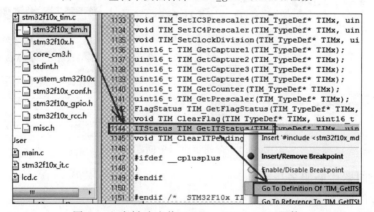

图 6-18　右键法查找 TIM_getITstatus()函数

参数如图 6-19 所示，本例程采用中断是否更新，即检查是否发生中断。

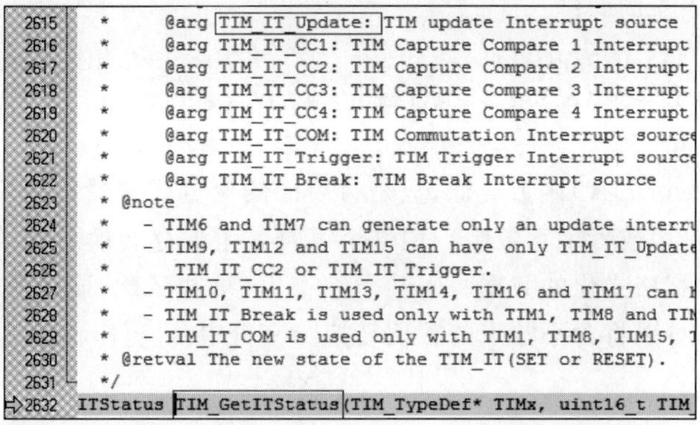

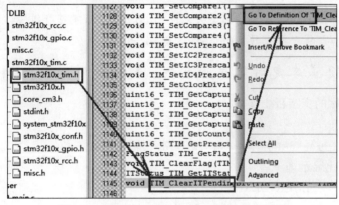

图 6-19　TIM_getITstatus()函数参数说明

采用同样的方法，查找 TIM_ClearITPendingBit()函数，如图 6-20 所示，表示清除 TIMx 的中断待处理位。参数如图 6-21 所示，跟 TIM_getITstatus()函数参数相同。

图 6-20　查找 TIM_ClearITPendingBit()函数

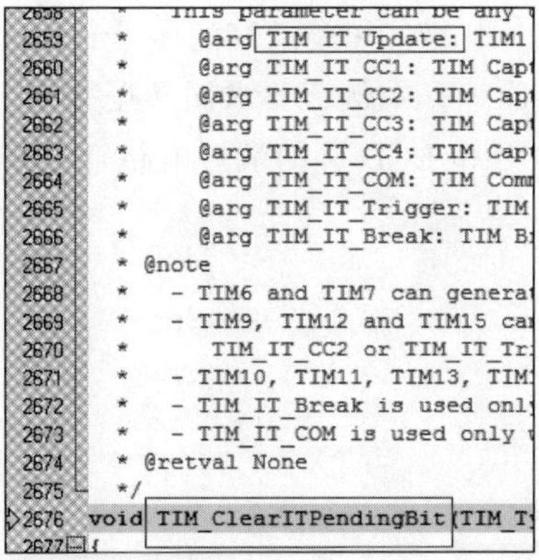

图 6-21　函数 TIM_ClearITPendingBit()的参数

3. 其他函数

有关 sprintf()函数的用法可以先在百度上搜索一下。

首先回顾 C 语言中 printf()函数表示将后面的参数(变量或常量等)，以规定的格式输

出到屏幕上。其本质是将后面的变量或常量,以规定的格式转换为对应的字符串,然后在屏幕上显示这些字符串。例如:

```
printf("%s%d","-- LED ON:LD",leds);        //若 leds=5,则屏幕显示 -- LED ON:LD5
printf("%s%.3f","ADC Value:",adc_temp);    //若 adc_temp=2.5,则屏幕显示
                                           //ADC Value:2.500
```

sprintf()函数跟 printf()函数类似,只是将后面的变量或常量以规定的格式输出到(传给)第一个参数(字符串或者字符数组),用这个字符数组保存转换后的 ASCII 码,而不是直接输出到屏幕上,即把格式化的数据写入某个字符串(缓冲区)。该函数可以将任意类型的数据转换为字符串,可以将含小数点的数值转换为字符串,进行串口传送或 LCD 显示等。

例如:

```
sprintf(string,"%s%d","-- LED ON:LD",leds);//先将整数 leds 转换为字符串,然后放
//在"-- LED ON:LD"后面,一起传给 string 这个字符数组
sprintf(string,"%s%.3f","ADC Value:",adc_temp);
//"ADC Value:"代替%s;adc_temp 代替%.3f,并将该小数的每个数字均转换为对应的字符
//(ASCII 码)形式。最后将两个字符串连接起来,传给字符数组 string
```

注意:使用 sprintf()函数需要包含头文件 stdio.h;另外,字符数组(缓冲区)string 要足够长,空间足够大,装得下所有转换的结果,否则,会出现乱码。

6.2.3 STM32 基本定时器应用实例:精确定时跑马灯间隔

1. 基于标准库的竞赛板上实现

实现功能要求:

定时器 TIM3 每隔 50ms 中断一次,LED 灯每隔 1s 移动一位。

① 屏幕初始化显示如下。

第 1 行:"   TIMER DEMO   "。

第 3 行:"   See The LEDs!   "。

② 在 LCD 屏上继续显示点亮的灯的序号。

第 6 行:"-- LED ON:LD*   "(*表示灯的序号)。

(1)基本定时器硬件连接原理。本例程要求循环点亮 LED 灯,利用基本定时器控制延时时间,硬件方面主要是 LED 灯和 LCD 屏的端口电路,由于 LCD 中层库端口已配好,因此只给出 LED 接口电路,如图 6-22 所示。

(2)完整代码实现。

① main.c 文件。

```
#include "stm32f10x.h"
#include "lcd.h"
#include "stdio.h"
#include "led.h"

uint32_t TimingDelay = 0;
extern uint8_t leds;
void Delay_Ms(uint32_t nTime);
void NVIC_Configuration(void);
```

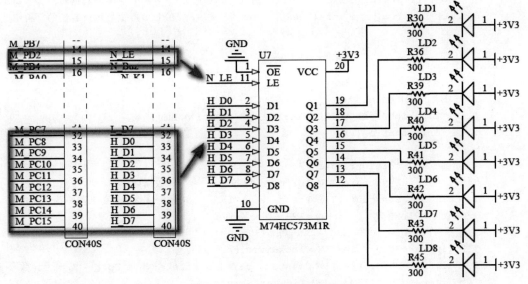

图 6-22　基本定时器硬件电路图

```
void TIM_Config(void);
void LED_Init(void);

int main(void)
{   uint8_t string[20];                     //sprint()函数的第一个参数,缓冲区字符串要足够长
    SysTick_Config(SystemCoreClock/1000);   //每隔 1ms 中断一次
    TIM_Config();
    LED_Init();
    //LCD 工作模式配置
    STM3210B_LCD_Init();
    LCD_Clear(White);
    LCD_SetTextColor(White);
    LCD_SetBackColor(Blue);
    LCD_ClearLine(Line0);
    LCD_ClearLine(Line1);
    LCD_ClearLine(Line2);
    LCD_ClearLine(Line3);
    LCD_ClearLine(Line4);
    LCD_DisplayStringLine(Line1,"    TIMER DEMO      ");
    LCD_DisplayStringLine(Line3,"    See The LEDs!    ");
    LCD_SetTextColor(Blue);
    LCD_SetBackColor(White);

        while(1){
        //LED
        GPIO_Write(GPIOC,~(1<<(leds+7)));
        GPIO_SetBits(GPIOD,GPIO_Pin_2);
        GPIO_ResetBits(GPIOD,GPIO_Pin_2);
        //LCD
```

```
        sprintf(string,"%s%d","-- LED ON:LD",leds);         //其他类型数据转换为字符串
        LCD_DisplayStringLine(Line6,string);         //在 LCD 屏上显示所转换的字符串
    }
}
void TIM_Config(void)
{   TIM_TimeBaseInitTypeDef TIM_TimeBaseStructure;
    /* TIM3 clock enable */
    RCC_APB1PeriphClockCmd(RCC_APB1Periph_TIM3,ENABLE);
    NVIC_Configuration();                              //中断向量配置

    /* Time base configuration */
    TIM_TimeBaseStructure.TIM_Period = 49999;        //计数周期
    TIM_TimeBaseStructure.TIM_Prescaler =71;         //预分频为 71,CLK 频率为 72MHz,
    //CNT 加 1 的频率为 72/(71+1)=1MHz,即每隔 1μs 加 1,
    //中断时间: 1μs * (49999+1)=50000μs=50ms
    TIM_TimeBaseStructure.TIM_ClockDivision = 0;
    TIM_TimeBaseStructure.TIM_CounterMode = TIM_CounterMode_Up;        //向上计数
    TIM_TimeBaseInit(TIM3,&TIM_TimeBaseStructure);
    //中断时间计算(72MHz 为 TIM3 的时钟频率):   72MHz/(71+1)=1MHz
    //通用定时器 TIM3 中断配置
    TIM_ITConfig(TIM3,TIM_IT_Update,ENABLE);        //更新方式中断
    /* TIM3 enable counter */
    TIM_Cmd(TIM3,ENABLE);
}

void NVIC_Configuration(void)
{   NVIC_InitTypeDef NVIC_InitStructure;
    /* Enable the TIM3 global Interrupt */
    NVIC_InitStructure.NVIC_IRQChannel = TIM3_IRQn;
    NVIC_InitStructure.NVIC_IRQChannelPreemptionPriority = 0;     //抢占优先级最高
    NVIC_InitStructure.NVIC_IRQChannelSubPriority = 1;
    NVIC_InitStructure.NVIC_IRQChannelCmd = ENABLE;
    NVIC_Init(&NVIC_InitStructure);
}

void LED_Init(void)
{   GPIO_InitTypeDef GPIO_InitStructure;
    RCC_APB2PeriphClockCmd(RCC_APB2Periph_GPIOC,ENABLE);
    RCC_APB2PeriphClockCmd(RCC_APB2Periph_GPIOD,ENABLE);
    //LED 引脚配置,PC08~PC15
    GPIO_InitStructure.GPIO_Pin = LED0 |LED1 | LED2 | LED3 | LED4 | LED5 | LED6 | LED7;
    GPIO_InitStructure.GPIO_Mode = GPIO_Mode_Out_PP;
    GPIO_InitStructure.GPIO_Speed = GPIO_Speed_10MHz;
    GPIO_Init(GPIOC,&GPIO_InitStructure);
    //74HC573 锁存引脚配置,PD2
    GPIO_InitStructure.GPIO_Pin = GPIO_Pin_2;
    GPIO_Init(GPIOD,&GPIO_InitStructure);
}
```

```
void Delay_Ms(uint32_t nTime)
{   TimingDelay = nTime;
    while(TimingDelay != 0);
}
```

② 全局变量、外部变量定义。

```
extern uint32_t TimingDelay;
uint8_t _50ms;                       //见名知意,表示变量 50ms
uint8_t leds = 1;
void TIM3_IRQHandler(void)            //中断服务程序
{  if (TIM_GetITStatus(TIM3,TIM_IT_Update) != RESET)
   {TIM_ClearITPendingBit(TIM3,TIM_IT_Update);      //清除标志位
        if(++_50ms == 20){
            _50ms = 0;
            if(++leds == 9){
                leds = 1;
            }
        }
    }
}
```

(3) 程序调试。

① 文件加载。加载片内外设驱动文件如图 6-23 所示,主要涉及开启时钟、I/O 端口(点亮 LED 灯)、定时器及其中断。

基本定时器
实例视频

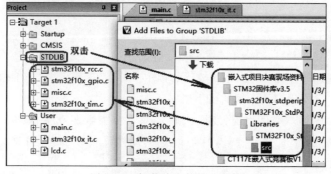

图 6-23　加载片内外设.c 文件

② Keil 仿真中查看时钟。各时钟的频率关系应对照时钟树(如图 4-3、图 6-7 所示)及注释多看几遍,在 Keil 中查看 TIM3 及 PCLK1 的时钟,如图 6-24 所示。

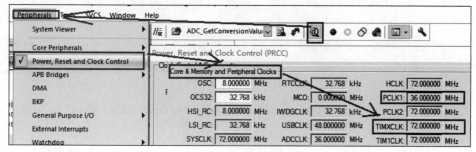

图 6-24　Keil 中查看时钟

STM32 定时器

将程序下载到竞赛板,结果如图 6-25 所示,该图中是第 2 个、第 8 个灯亮。

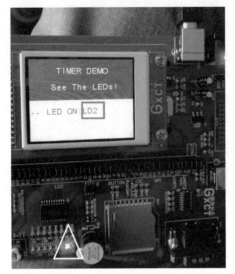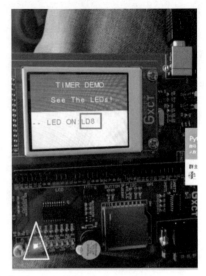

图 6-25　开发板实物图

2. 基于 CubeMX 的 Proteus 仿真实现

实现功能:通过定时器 TIM3 每隔 50ms 中断一次,LED 每隔 1s 移动一位。

① 屏幕初始化显示如下。

第 1 行:"　　　TIMER DEMO　　　　"。

第 3 行:"　　　See The LEDs!　　　"。

② 在 LCD 屏上继续显示点亮的灯的序号。

第 5 行:" -- LED ON:LD *　　"(* 表示灯的序号)。

(1)仿真原理。基于 Proteus 的仿真原理图如图 6-26 所示,8 个 LED 灯接在 PA8~PA15 上,其余端口引脚跟 LCD 的端口引脚一致。

(2)CubeMX 配置。本例程配置时,LCD 屏只需要加载驱动文件即可。与液晶显示的例程类似,除了 TIM3 定时器配置外,其他配置具体操作可以参考 STM32 的 LED 灯仿真例程。配置过程如下。

① 启动 STM32 CubeMX 软件,新建工程。

②根据原理图中的处理器,选择型号为 STM32F103R6 的处理器。

③配置时钟源及端口:选择外部晶振作为高速时钟。

根据原理图将 PA8~PA15 端口均配置成输出模式,引脚电平均设置为高电平,可参照 LED 例程进行配置。

配置 TIM3 定时器:相关配置参数及操作过程如图 6-27 所示,定时时间计算如下。

$$定时时间=(1+49999)/10^6=0.05s=50ms$$

④ 配置 STM32 的时钟树。

⑤ 设置工程输出配置参数,生成代码,注意工程名称,并打开工程,进入工程后打开 main()函数所在文件夹。

(3)工程移植。找到 LCD 的 3 个驱动文件 lcd.c、lcd.h 和 ascii.h,复制到相关文件夹,

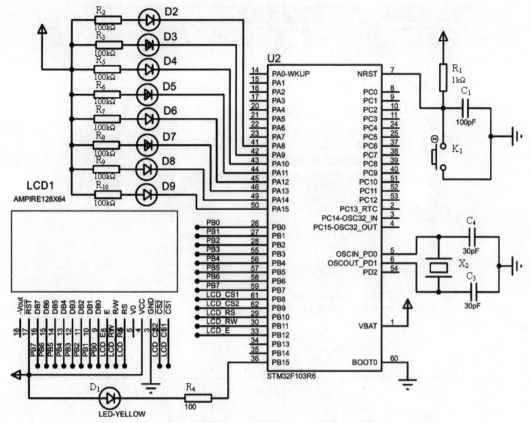

图 6-26 基本定时器的 Proteus 仿真原理图

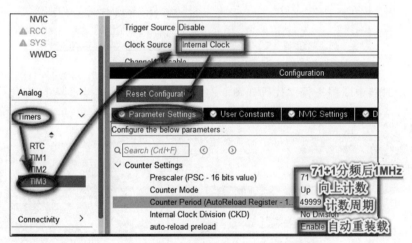

图 6-27 CubeMX 中配置基本定时器参数

并将.c 文件加载到工程中。

TIM3 中断配置如图 6-28 所示。

（4）应用程序编程。

① 在 main.c 文件中添加 #include "lcd.h" 语句及 LCD 初始化函数，如图 6-29 所示。

② 在中断文件中定义两个全局变量，如图 6-30 所示。

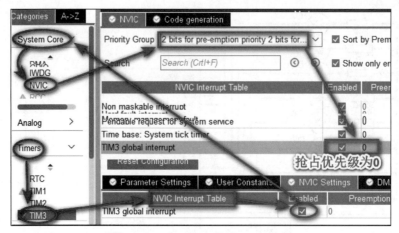

图 6-28　CubeMX 中配置 TIM3 中断

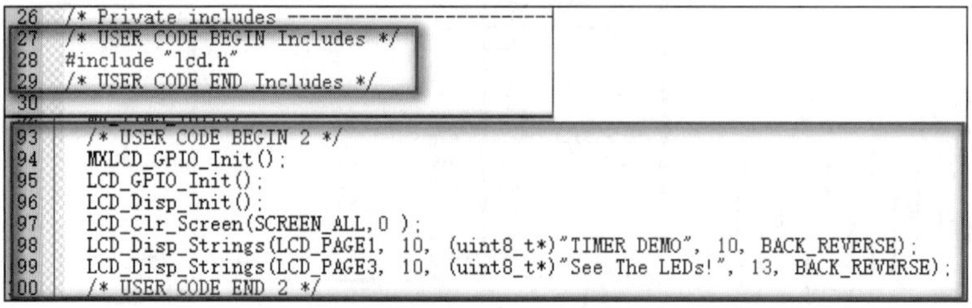

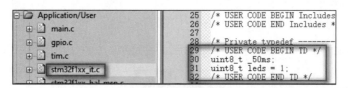

图 6-29　LCD 的初始化编程

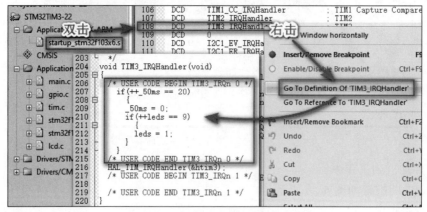

图 6-30　中断文件中定义全局变量

TIM3 定时器中断服务程序代码如图 6-31 所示，LED 灯的编号每隔 1s 变化一次。

图 6-31　编写定时器中断服务程序

在 main.c 文件中引用全局变量 LED 编号,找到并开启 TIM3 中断,编写相关代码如图 6-32 所示。

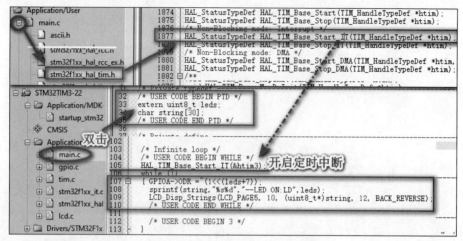

图 6-32　main()函数中的程序代码

端口数据寄存器 ODR 的查找方法如图 6-33 所示。

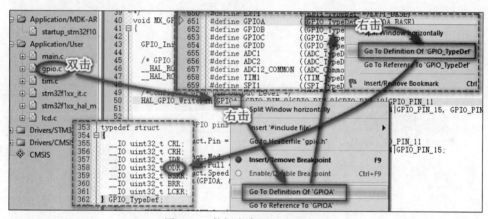

图 6-33　数据寄存器的查找方法

经编译链接,将.hex 文件加载到 Proteus 中观察现象。仿真时由于系统运行的定时时长跟真实情况不相符,将长时间看不到流水灯现象,如图 6-34 所示。

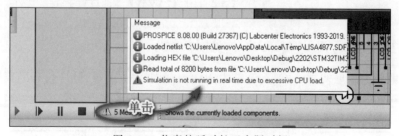

图 6-34　仿真的延时长于实际时间

更改程序如图 6-35 所示,缩短延时时间,将很快能看到现象,如图 6-36 所示。

STM32 定时器

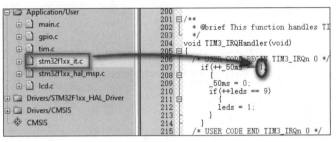

图 6-35　缩短延时的编程

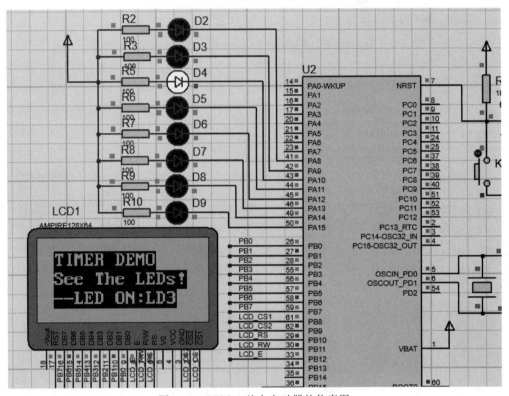

图 6-36　STM32 基本定时器的仿真图

6.3　STM32 的 PWM 输出

6.3.1　STM32 通用定时器工作分析

PWM 即脉冲宽度调制，一般指调节占空比。如图 6-37 所示，脉冲信号的周期为 b 个时间单位，一个周期内高电平时长为 a 个单位，则其占空比 PWM$=a/b$。

图 6-37　PWM 示意图

PWM 应用非常广泛,尤其在控制电机转速方面非常实用。如图 6-38 所示的电风扇,序号①表示开关一直闭合,风扇转速最快;序号②表示开关一直打开,风扇转速为零;序号③表示开关每闭合一段时间后,断开一下,断开时间很短,风扇转速会比序号①慢一些;序号④表示开关每隔一段时间闭合一下,闭合时间很短,风扇转速会比序号③要慢一些。序号①的 PWM 占空比为 100%,序号②的 PWM 占空比为 0%,所有情况 PWM 占空比顺序如下。

序号①占空比 100%>序号③占空比>序号④占空比>序号②占空比 0%

其风扇转速越来越慢,因此,可以通过调节 PWM 占空比控制风扇的风力大小。

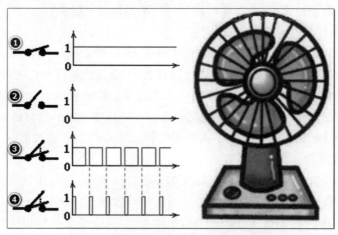

图 6-38 PWM 调控电风扇风速示意图

跟基本定时器相比,通用定时器 TIM2~TIM5 比基本定时器复杂得多。除了基本的定时,它主要用在测量输入脉冲的频率、脉冲宽与输出 PWM 脉冲的场合,还具有编码器的接口。PWM 包括输出几路占空比可调、频率可调的 PWM,以及捕获多路 PWM 的频率和占空比。如图 6-39 所示,重点注意自动重装载寄存器 N,在程序中用变量 Tim_period 表示;捕获/比较寄存器 CCRx,在程序中用变量 Tim_Pulse 表示。

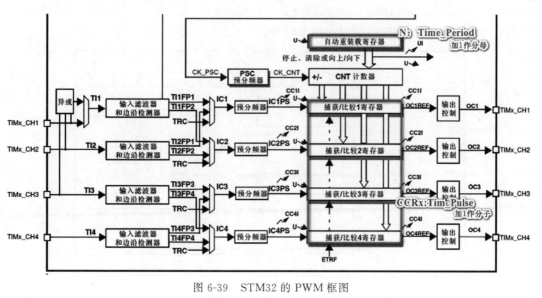

图 6-39 STM32 的 PWM 框图

第6章

STM32 定时器

1. 捕获/比较寄存器

通用定时器的基本计时功能与基本定时器的工作方式是一样的,同样把时钟源经过预分频器输出到脉冲计数器 TIMx_CNT 累加,溢出时就产生中断或 DMA 请求。

通用定时器比基本定时器多出的强大功能,就是因为通用定时器多出了一种寄存器——捕获/比较寄存器 TIMx_CCR(capture/compare register),它在输入时被用于捕获(存储)输入脉冲在电平发生翻转时脉冲计数器 TIMx_CNT 的当前计数值,从而实现脉冲的频率测量;在输出时被用来存储一个脉冲数值,把这个数值用于与脉冲计数器 TIMx_CNT 的当前计数值进行比较,根据比较结果进行不同的电平输出。

2. PWM 输出过程

通用定时器可以利用 GPIO 引脚进行脉冲输出,在配置为比较输出、PWM 输出功能时,捕获/比较寄存器 TIMx_CCR 被用作比较功能,下面把它简称为比较寄存器。

这里直接举例说明定时器的 PWM 输出工作过程:若配置脉冲计数器 TIMx_CNT 为向上计数,而重载寄存器 TIMx_ARR 被配置为 N(Time_Period),即 TIMx_CNT 的当前计数值 X 在 TIMxCLK 时钟源的驱动下不断累加,当 TIMx_CNT 的数值 X 大于 N 时,会重置 TIMx_CNT 数值为 0 并重新计数。

而在 TIMx_CNT 计数的同时,TIMx_CNT 的计数值 X 会与比较寄存器 TIMx_CCR 预先存储的数值 Tim_Pulse+1 进行比较。当脉冲计数器 TIMx_CNT 的数值 X 小于比较寄存器 TIMx_CCR 的值 Tim_Pulse+1 时,输出高电平(或低电平);相反地,当脉冲计数器的数值 X 大于或等于比较寄存器的值 Tim_Pulse+1 时,输出低电平(或高电平)。

如此循环,得到的输出脉冲周期就为重载寄存器 TIMx_ARR 存储的数值 $N+1=$ Tim_Period+1(从 0 开始计数)乘以触发脉冲的时钟周期,其脉冲宽度则为比较寄存器 TIMx_CCR 的值 Tim_Pulse+1 乘以触发脉冲的时钟周期,即输出 PWM 的占空比为(Tim_Pulse+1)/($N+1$)=(Tim_Pulse+1)/(Tim_Period+1)。

PWM 输出模式时序如图 6-40 所示,该图中重载寄存器 TIMx_ARR 被配置为 $N=8$,向上计数;比较寄存器 TIMx_CCR 的值分别被设置为 4、8、大于 8、等于 0 时的输出时序图。该图中 OCXREF 即为 GPIO 引脚的输出时序、CCxIF 为触发中断的时序。

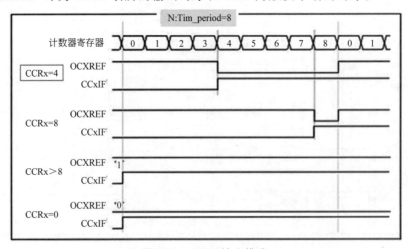

图 6-40 PWM 输出模式

3. PWM 输入过程

当定时器被配置为输入功能时，可以用于检测输入到 GPIO 引脚的信号（频率检测、输入 PWM 检测），此时捕获/比较寄存器 TIMx_CCR 被用作捕获功能，下面把它简称为捕获寄存器。图 6-41 所示为 PWM 输入时的脉冲宽检测时序图。

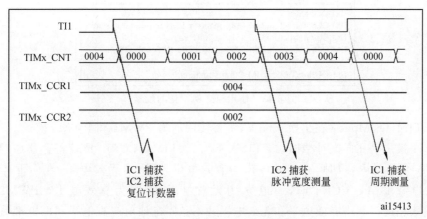

图 6-41　PWM 输入捕获时序图

按照图 6-41 所示时序图来分析 PWM 输入脉冲宽检测的工作过程：要测量的 PWM 脉冲通过 GPIO 引脚输入到定时器的脉冲检测通道，其时序为图中的 TI1。把脉冲计数器 TIMx_CNT 配置为向上计数，重载寄存器 TIMx_ARR 的 N（Time_Period）值配置为足够大。

在输入脉冲 TI1 的上升沿到达时，触发 IC1 和 IC2 输入捕获中断，这时把脉冲计数器 TIMx_CNT 的计数值复位为 0，于是 TIMx_CNT 的计数值 X 在 TIMxCLK 的驱动下从 0 开始不断累加，直到 TI1 出现下降沿，触发 IC2 捕获事件，此时捕获寄存器 TIMx_CCR2 把脉冲计数器 TIMx_CNT 的当前值 2 存储起来，而 TIMx_CNT 继续累加，直到 TI1 出现第二个上升沿，触发了 IC1 捕获事件，此时 TIMx_CNT 的当前计数值 4 被保存到 TIMx_CCR1。

很明显 TIMx_CCR1（加 1）的值乘以 TIMxCLK 的周期，即为待检测的 PWM 输入脉冲周期；TIMx_CCR2（加 1）的值乘以 TIMxCLK 的周期，就是待检测的 PWM 输入脉冲的高电平时间。有了这两个数值就可以计算出 PWM 脉冲的频率、占空比了。可以看出，正因为捕获/比较寄存器的存在，才使得通用定时器变得如此强大。

6.3.2　STM32 的 PWM 输出固件库驱动实例及函数详解

在固件库的 Project→STM32F10x_StdPeriph_Examples→TIM→PWM_Output 文件夹下，打开 main.c 文件，如图 6-42 所示。基本 TIM_TimeBaseInit() 配置可以参考定时器章节，定义输出模式结构体类型变量后，再配置输出模式，如图 6-43 所示。具体参数如下。

图 6-42　打开 main.c 文件

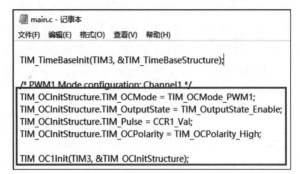

图 6-43　输出模式初始化的配置

（1）.TIM_OCMode：输出模式配置，主要使用的为 PWM1 和 PWM2 模式。

PWM1 模式是在向上计数时，当 TIMx_CNT＜TIMx_CCRn（比较寄存器，其数值等于 TIM_Pulse 成员的内容）时，通道 n 输出为有效电平，否则为无效电平；在向下计数时，当 TIMx_CNT＞TIMx_CCRn 时，通道 n 为无效电平，否则为有效电平。PWM2 模式与 PWM1 模式相反。其中有效电平和无效电平并不是固定地对应高电平和低电平，也是需要配置的，由下面介绍的.TIM_OCPolarity 成员配置。我们可以使用 PWM2 输出模式。

（2）.TIM_OutputState：配置输出模式的状态，使能（或关闭）输出。我们可以将该成员赋值为 TIM_OutputState_Enable（使能输出）。

（3）.TIM_OCPolarity：有效电平的极性，把 PWM 模式中的有效电平设置为高电平或低电平。我们可以将该成员赋值为 TIM_OCPolarity_Low（有效电平为低电平）。

（4）.TIM_Pulse：直译为跳动，本成员的参数值即为比较寄存器 TIMx_CCR 的数值，当脉冲计数器 TIMx_CNT 与 TIMx_CCR 的比较结果发生变化时，输出脉冲将发生跳变。当向通道 2、通道 3 的该成员分别赋值为 $998/2$、$998×7/10$，而定时器向上计数、PWM2 模式、有效电平为低，定时周期为 1000（.TIM_Period＝999），所以各通道输出 PWM 的占空比为 $D＝(\text{TIM\_Pulse}＋1)/(\text{TIM\_Period}＋1)$，即分别为 50%、70%。（注：上面占空比的计算公式仅针对本例程所要求的配置）

填充完输出模式初始化结构体后，要调用输出模式初始化函数 TIM_OCxInit() 对各个

图 6-44　定时器使能命令函数

通道进行初始化，其中 x 表示定时器的通道。如 TIM_OC1Init() 用来初始化定时器的通道 1，TIM_OC2Init() 用来初始化定时器的通道 2，在调用各个通道的初始化函数前，需要对初始化结构体的.TIM_Pulse 成员重新赋值，这是因为本例程中其他成员的配置都一样，而占空比不同。

然后用 TIM_Cmd() 使能定时器 TIM3，定时器外设就开始工作了，如图 6-44 所示。

最后调用 TIM_CtrlPWMOutputs() 函数使能输出 PWM，这样就可以输出指定占空比的 PWM 方波。例如：

```
TIM_CtrlPWMOutputs(TIM2,ENABLE);
```

另外，GPIO 配置也可以直接参考代码，如图 6-45 所示。GPIO 的配置要求可参考相关文档，如图 6-46 所示。

图 6-45　PWM 调控的 GPIO 配置

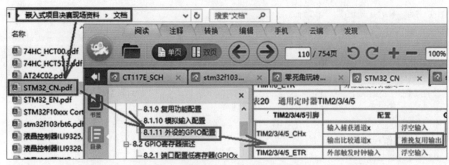

图 6-46　查看 PWM 端口输出配置

6.3.3　STM32 的 PWM 输出应用实例

1. 基于标准库的竞赛板上实现

实现功能要求：定时器 TIM2 的 CH2 输出 1kHz，占空比 50％信号；TIM2 的 CH3 输出 1kHz，占空比 70％信号。

① 屏幕初始化显示如下。

第 1 行："　　　TIMER DEMO　　　　"。

第 3 行："　　　TIM2　PWM MODE　　　"。

第 6 行："　　PA1-PWMVALUE:50％　"。

第 8 行："　　PA2-PWMVALUE:70％　"。

② 用逻辑分析仪、示波器分别观察 PA1、PA2 的波形。

（1）PWM 调控硬件连接原理。本例程要求输出不同占空比的 PWM 方波，打开相关手册，如图 6-47 所示，TIM2 的通道 2、通道 3 分别从 PA1、PA2 输出。因此，硬件连接时，直接将示波器接到 PA1 和 PA2 引脚即可。

（2）完整代码实现。

```c
#include "stm32f10x.h"
#include "lcd.h"
#include "stdio.h"
uint32_t TimingDelay = 0;
uint16_t Channel2Pulse = 0,Channel3Pulse = 0;
```

STM32 定时器

图 6-47 查找定时器 PWM 输出引脚

```c
void Delay_Ms(uint32_t nTime);
void NVIC_Configuration(void);
void TIM_Config(uint16_t Channel2Pulse,uint16_t Channel3Pulse);
void PWM_IO_Config(void);
int main(void)
{   SysTick_Config(SystemCoreClock/1000);          //每隔 1ms 中断一次
    PWM_IO_Config();
    TIM_Config(998/2,998*7/10);
    //LCD 工作模式配置
    STM3210B_LCD_Init();
    LCD_Clear(White);
    LCD_SetTextColor(White);
    LCD_SetBackColor(Blue);
    LCD_ClearLine(Line0);
    LCD_ClearLine(Line1);
    LCD_ClearLine(Line2);
    LCD_ClearLine(Line3);
    LCD_ClearLine(Line4);
    LCD_DisplayStringLine(Line1,"      TIMER DEMO        ");
    LCD_DisplayStringLine(Line3,"     TIM2 PWM MODE      ");
    LCD_SetTextColor(Blue);
    LCD_SetBackColor(White);
    LCD_DisplayStringLine(Line6,"PA1-PWMVALUE:50%       ");
    LCD_DisplayStringLine(Line8,"PA2-PWMVALUE:70%       ");
    while(1){   };
}
void TIM_Config(uint16_t Channel2Pulse,uint16_t Channel3Pulse)
{   TIM_TimeBaseInitTypeDef TIM_TimeBaseStructure;
    TIM_OCInitTypeDef TIM_OCInitStructure;
    /* TIM2 clock enable */
    RCC_APB1PeriphClockCmd(RCC_APB1Periph_TIM2,ENABLE);
    /* Time base configuration */
    TIM_TimeBaseStructure.TIM_Period = 999;   //1kHz:从 0 计数到 999 为一个计数周期
    TIM_TimeBaseStructure.TIM_Prescaler = 71;//设置预分频,频率为 72MHz/(71+1)=1MHz
    TIM_TimeBaseStructure.TIM_ClockDivision=0;//时钟分频系数为 0,不影响定时器频率
    TIM_TimeBaseStructure.TIM_CounterMode = TIM_CounterMode_Up;     //向上计数
    TIM_TimeBaseInit(TIM2,&TIM_TimeBaseStructure);
```

```
/ * Channel 2 and 3 Configuration in PWM mode * /
TIM_OCInitStructure.TIM_OCMode = TIM_OCMode_PWM2;    //配置为 PWM2 模式
TIM_OCInitStructure.TIM_OutputState = TIM_OutputState_Enable;
TIM_OCInitStructure.TIM_Pulse = Channel2Pulse;        //设置跳变值,当计数器计数到
                                                      //该值时电平发生跳变
TIM_OCInitStructure.TIM_OCPolarity = TIM_OCPolarity_Low;
//当定时器的计数值大于 TIM_Pulse 时电平为低
TIM_OC2Init(TIM2,&TIM_OCInitStructure);               //TIM2 的通道 2 使能
TIM_OCInitStructure.TIM_Pulse = Channel3Pulse;
TIM_OC3Init(TIM2,&TIM_OCInitStructure);               //TIM2 的通道 3 使能
TIM_Cmd(TIM2,ENABLE);                                 //使能 TIM2 定时计数器
TIM_CtrlPWMOutputs(TIM2,ENABLE);                      //运行到此处 TIM 开始输出 PWM2 的波形
}
void PWM_IO_Config(void)
{   GPIO_InitTypeDef GPIO_InitStructure;
    RCC_APB2PeriphClockCmd(RCC_APB2Periph_GPIOA,ENABLE);
    GPIO_InitStructure.GPIO_Pin = GPIO_Pin_1 | GPIO_Pin_2;
    GPIO_InitStructure.GPIO_Mode = GPIO_Mode_AF_PP;
    GPIO_InitStructure.GPIO_Speed = GPIO_Speed_50MHz;
    GPIO_Init(GPIOA,&GPIO_InitStructure);
}
void Delay_Ms(uint32_t nTime)
{   TimingDelay = nTime;
    while(TimingDelay != 0);
}
```

（3）程序调试。

Keil 中查看 PWM 仿真。加载片内外设固件库的.c 文件如图 6-48 所示,查看 TIM2 时钟的方法跟上节的方法一样,如图 6-24 所示。进入仿真后,设置端口,输入 PORTA.1 和 PORTA.2,将类型显示设置为 Bit,如图 6-49 所示。观察波形时,需熟悉一些常用功能,如图 6-50 所示。

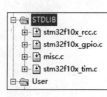

图 6-48　加载.c 文件

PWM 实例视频

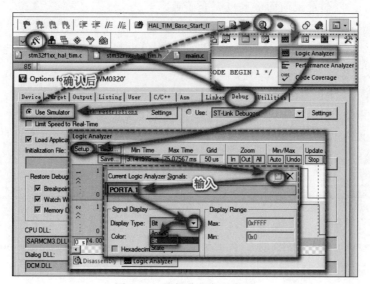

图 6-49　逻辑分析仪的使用

STM32 定时器

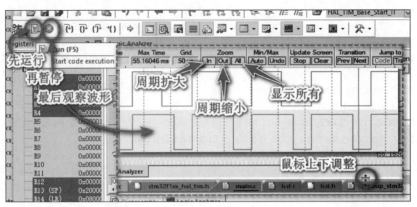

图 6-50　Keil 的逻辑分析仪中调整波形

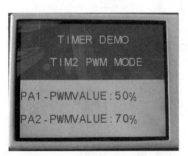

图 6-51　开发板实物现象

液晶屏显示如图 6-51 所示,实物中用示波器观察到的波形与 Keil 中仿真相同。建议波形在 Keil 中仿真或者直接用示波器观察。

2. 基于 CubeMX 的 Proteus 仿真实现

编程实现定时器 TIM2 的 CH2 输出 1kHz,占空比 50%信号;TIM2 的 CH3 输出 1kHz,占空比 70%信号。

① 屏幕初始化显示如下。

第 1 行:"　　　TIMER DEMO　　　　"。

第 3 行:"　　　TIM2　PWM MODE　　　"。

第 5 行:"　　PA1-PWMVALUE:50%　　"。

第 7 行:"　　PA2-PWMVALUE:70%　　"。

② 用逻辑分析仪、示波器分别观察 PA1、PA2 的波形。

(1)仿真原理图。基于 Proteus 的仿真电路图如图 6-52 所示,PWM 输出端口引脚跟实物完全一致,LCD 显示跟前面例程也完全一致。

(2)CubeMX 配置。本例程配置时,LCD 屏只需要加载驱动文件即可。与液晶显示的过程类似,除了 PWM 配置外,其他配置具体操作可以参考 LED 灯例程。配置过程如下。

① 启动 STM32 CubeMX 软件,新建工程。

② 根据原理图中的处理器,选择型号为 STM32F103R6 的处理器。

③ 配置时钟源及端口:选择外部晶振作为高速时钟。

配置 TIM2 输出 PWM 方波,选择 2 通道、3 通道,PWM 输出端口会自动配置,不需要手动配置,如图 6-53 所示。

④ 配置 STM32 的时钟树。

⑤ 设置工程输出配置参数,生成代码,注意工程名称,并打开工程,进入工程后打开 main()函数所在文件夹。

(3)工程移植。找到 LCD 的 3 个驱动文件 lcd.c、lcd.h 和 ascii.h,复制到相关文件夹,并将.c 文件加载到工程中。

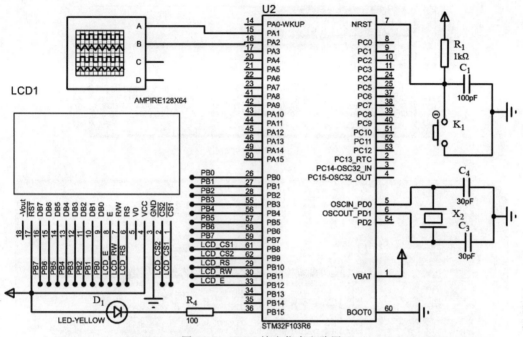

图 6-52　PWM 输出仿真电路图

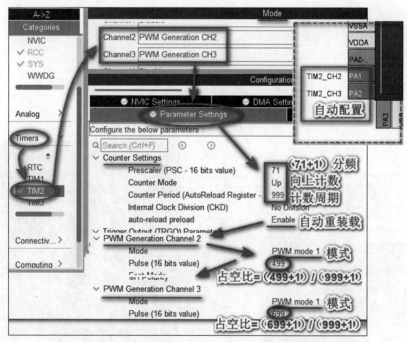

图 6-53　CubeMX 配置 TIM2 的 PWM 输出

（4）应用程序编程。

在 main.c 文件中添加♯include "lcd.h"语句及 LCD 初始化函数，如图 6-54 所示。

找到 PWM 输出启动函数，如图 6-55 所示，注意参数。

```
26
27   /* USER CODE BEGIN Includes */
28   #include "lcd.h"
29   /* USER CODE END Includes */
30
93   /* USER CODE BEGIN 2 */
94   MXLCD_GPIO_Init();
95   LCD_GPIO_Init();
96   LCD_Disp_Init();
97   LCD_Clr_Screen(SCREEN_ALL,0);
98   LCD_Disp_Strings(LCD_PAGE0,10,(uint8_t*)"  TIMER DEMO",10,BACK_REVERSE);
99   LCD_Disp_Strings(LCD_PAGE2,10,(uint8_t*)"TIM2 PWM MODE",13,BACK_REVERSE);
100  LCD_Disp_Strings(LCD_PAGE4,10,(uint8_t*)"PA1-PWMVALUE:50%",16,BACK_REVERSE);
101  LCD_Disp_Strings(LCD_PAGE6,10,(uint8_t*)"PA2-PWMVALUE:70%",16,BACK_REVERSE);
102
103  /* USER CODE END 2 */
```

图 6-54　LCD 初始化

```
1418  * @brief  Starts the PWM signal generation.
1419  * @param  htim TIM handle
1420  * @param  Channel TIM Channels to be enabled
1421  *         This parameter can be one of the following values:
1422  *           @arg TIM_CHANNEL_1: TIM Channel 1 selected
1423  *           @arg TIM_CHANNEL_2: TIM Channel 2 selected
1424  *           @arg TIM_CHANNEL_3: TIM Channel 3 selected
1425  *           @arg TIM_CHANNEL_4: TIM Channel 4 selected
1426  * @retval HAL status
1427  */
1428  HAL_StatusTypeDef HAL_TIM_PWM_Start(TIM_HandleTypeDef *htim, uint32_t Channel)
```

图 6-55　TIM 启动 PWM 输出函数的参数选择

在 main() 函数中输入代码，启动 PWM 输出，如图 6-56 所示。经编译链接，将 .hex 文件加载到 Proteus 中观察现象，如图 6-57 所示。此外，也可以在 Keil 的逻辑分析仪中观察波形，操作方法参考上节中内容。

```
106  /* USER CODE BEGIN WHILE */
107  HAL_TIM_PWM_Start(&htim2,TIM_CHANNEL_2);
108  HAL_TIM_PWM_Start(&htim2,TIM_CHANNEL_3);
109  while (1)
```

图 6-56　启动 PWM 输出函数的代码

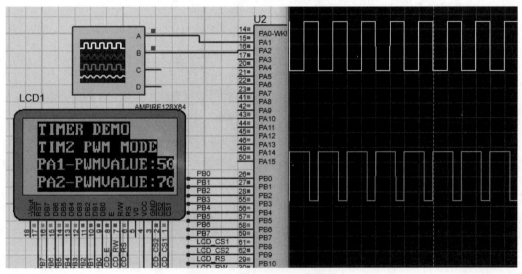

图 6-57　PWM 输出仿真现象

仿真中若出现反相,则单击 invert(反相)按钮,如图 6-58 所示。

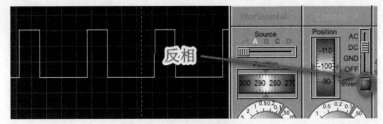

图 6-58 Proteus 中反相的设置

习　题　6

1. 试修改 6.2 节例程,开启定时器 2,关闭其他定时器,实现例程相同的功能。

2. 试修改 6.2 节例程,采用 SysTick 的 delay(延时)功能依次实现花式流水灯:

(1) ———→(依次点亮,其他灯灭);

(2) ←———(依次点亮,其他灯灭);

(3) ———→(依次点亮,其他灯灭);

(4) ←———(依次点亮,其他灯灭);

(5) ———→(依次点亮,其他灯灭);

(6) ———→(依次点亮,其他灯灭);

(7) ———→(依次点亮,点亮后的灯不灭);

(8) ←———(依次灭掉,直到所有灯灭);

(9) ———→(依次点亮,点亮后的灯不灭);

(10) ←———(依次灭掉,直到所有灯灭);

(11) ———→(依次点亮,点亮后的灯不灭);

(12) ←———(依次灭掉,直到所有灯灭);

(13) ———→(依次点亮,点亮后的灯不灭);

(14) ———→(依次点亮,点亮后的灯不灭);

(15) ———→(依次点亮,点亮后的灯不灭);

(16) 所有灯灭;

(17) 所有灯亮;

(18) 所有灯灭;

(19) 所有灯亮;

(20) 所有灯灭;

(21) 所有灯亮;

(22) 转到(1)、(2)……循环执行。

调整 delay(延时)时间,再观察现象。

提示:将花式流水灯的所有状态存放到数组,依次从数组取出数据传给端口,每传一次后做一次延时。

3. 试修改 6.3 节例程,按下列要求在 PA.1 和 PA.2 依次循环输出不同占空比的方波。

PA.1 输出占空比为 10%方波,PA.2 输出占空比为 90%方波,时长 2s。

PA.1 输出占空比为 20%方波,PA.2 输出占空比为 80%方波,时长 2s。

PA.1 输出占空比为 30%方波,PA.2 输出占空比为 70%方波,时长 2s。

PA.1 输出占空比为 40%方波,PA.2 输出占空比为 60%方波,时长 2s。

PA.1 输出占空比为 50%方波,PA.2 输出占空比为 50%方波,时长 2s。

PA.1 输出占空比为 60%方波,PA.2 输出占空比为 40%方波,时长 2s。

PA.1 输出占空比为 70%方波,PA.2 输出占空比为 30%方波,时长 2s。

PA.1 输出占空比为 80%方波,PA.2 输出占空比为 20%方波,时长 2s。

PA.1 输出占空比为 90%方波,PA.2 输出占空比为 10%方波,时长 2s。

……

提示:设置变量及函数,改变变量值,调用函数后,占空比跟着变。

4. 编写程序,让 PORTA.1 和 PORTA.2 分别输出 100MHz、200MHz 占空比分别为 60%和 40%的方波。

提示:不直接用定时器自动产生 PWM 方波,可以让 SysTick 或其他定时器每 $100\mu s$ 产生一次中断,定义一个变量 count 计数中断次数,即 count 每 $100\mu s$ 加一次 1,加到 100 则清零。

(1) 输出 100Hz 方波:当 count 为 0 时,PA.1 为 1;当 count 为 60 时,PA.1 为 0,则输出占空比 60%的 100Hz 方波。

(2) 输出 200Hz 方波:当 count 为 0 或 50 时,PA.2 为 1;当 count 为 20 或 70 时,PA.2 为 0,则输出占空比为 40%的 200Hz 方波。

5. 编写程序,按下列要求在 PA.1 和 PA.2 依次循环输出不同占空比及频率的方波。

PA.1 输出占空比为 10%频率为 10Hz 方波,PA.2 输出占空比为 90%频率为 90Hz 的方波,延时适当时间。

PA.1 输出占空比为 20%频率为 20Hz 方波,PA.2 输出占空比为 80%频率为 80Hz 的方波,延时适当时间。

PA.1 输出占空比为 30%频率为 30Hz 方波,PA.2 输出占空比为 70%频率为 70Hz 的方波,延时适当时间。

PA.1 输出占空比为 40%频率为 40Hz 方波,PA.2 输出占空比为 60%频率为 60Hz 的方波,延时适当时间。

PA.1 输出占空比为 50%频率为 50Hz 方波,PA.2 输出占空比为 50%频率为 50Hz 的方波,延时适当时间。

PA.1 输出占空比为 60%频率为 60Hz 方波,PA.2 输出占空比为 40%频率为 40Hz 的方波,延时适当时间。

PA.1 输出占空比为 70%频率为 70Hz 方波,PA.2 输出占空比为 30%频率为 30Hz 的方波,延时适当时间。

PA.1 输出占空比为 80%频率为 80Hz 方波,PA.2 输出占空比为 20%频率为 20Hz 的方波,延时适当时间。

PA.1 输出占空比为 90%频率为 90Hz 方波,PA.2 输出占空比为 10%频率为 10Hz 的方波,延时适当时间。

提示:采用上题的思想,编写函数,循环调用函数即可。

第 7 章 | STM32 串口

本章主要介绍 STM32 的串行口,读者重点理解串口的基本概念、配置参数、收/发功能等。串口通信实践跟前面章节相比,多了驱动程序的安装及上位机界面,需要在宏观上理解串口连线框图、数据传输方向及收发对象。串口通信是其他通信的基础,一般 Wi-Fi、蓝牙通信及上位机编程都通过串口进行转换,因此,Wi-Fi、蓝牙等通信的应用编程本质就是串口通信。

7.1 STM32 串口 USART 通信

前面章节学习的对象都只有一块单片机,本节学习的对象是两块单片机交换信息或者单片机跟其他设备交换信息。串口在工业领域使用非常广泛,通常蓝牙、Wi-Fi 等通信模块的应用编程,本质也是对串口进行编程。

7.1.1 STM32 与 STC51 串口的区别

串行口通信相关概念、帧格式及连线示意图等可参考 2.3.1 节“认识串行通信”,相关概念理论在 STC51 和 STM32 中都通用,运行原理及串口收发过程一致。STC51 单片机串口设计得相对简单,读者比较容易理解串口通信的过程;STM32 内部的串口相对复杂些,串口数量多些;在配制串口驱动程序时,STC51 单片机主要采用寄存器方式,需要查阅各寄存器中每一位的具体含义,STM32 的串口配制可以采用寄存器方式、库函数方式及可视化 CubeMX 工具配制,建议实践采用 CubeMX 工具进行配制。

7.1.2 STM32 串口简介

STM32 串口外设的架构如图 7-1 所示,虽然看起来十分复杂,实际上对于软件开发人员来说,只需要大概了解串口收发的过程即可。从下至上看到串口外设主要由 3 个部分组成,分别是波特率控制、收发控制和数据存储转移。

(1) 波特率控制。波特率,即每秒传输的二进制位数,用 b/s(bps)表示。通过对时钟的控制可以改变波特率。在配置波特率时,向波特比率寄存器 USART_BRR 写入参数,修改了串口时钟的分频值 USARTDIV。USART_BRR 寄存器包括两个部分,分别是 DIV_Mantissa(USARTDIV 的整数部分)和 DIV_Fraction(USARTDIV 的小数)部分,最终,计算公式为 USARTDIV=DIV_Mantissa+(DIV_Fraction/16)。

USARTDIV 是对串口外设的时钟源进行分频的,由于 USART1 挂载在 APB2 总线上,因此它的时钟源为 f_{PCLK2};而 USART2、USART3 挂载在 APB1 上,时钟源则为 f_{PCLK1},串口的时钟源经过 USARTDIV 分频后作为发送器时钟及接收器时钟,控制发送和接收的时序。

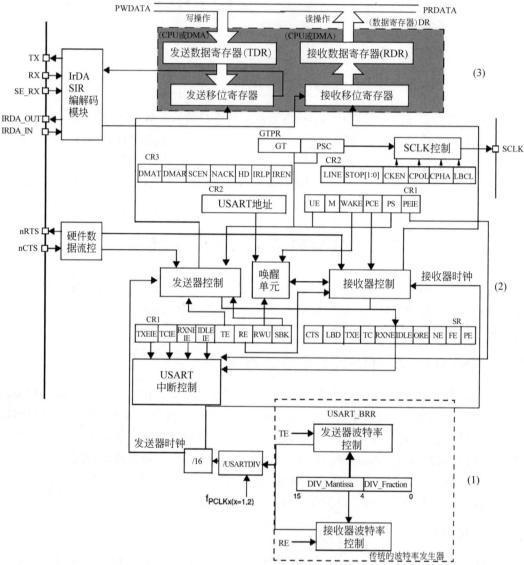

图 7-1   STM32 串行口架构图

（2）收发控制。围绕着发送器和接收器控制部分有寄存器 CR1、CR2、CR3 和 SR,即 USART 的 3 个控制寄存器（control register）及一个状态寄存器（status register）。通过向寄存器写入各种控制参数来控制发送和接收,如奇偶校验位、停止位等,还包括对 USART 中断的控制;串口的状态在任何时候都可以从状态寄存器中查询。具体的控制和状态检查都是使用库函数来实现,在此就不具体分析这些寄存器位。

（3）数据存储转移。收发控制器根据寄存器配置,对数据存储转移部分的移位寄存器进行控制。当需要发送数据时,内核或 DMA 外设（一种数据传输方式,在后面介绍）把数据从内存(变量)写入发送数据寄存器 TDR 后,发送控制器将适时地自动把数据从 TDR 加载到发送移位寄存器,然后通过串口线 Tx,把数据一位一位地发送出去,当数据从 TDR 转移到移位寄存器时,会产生发送寄存器 TDR 已空事件 TXE;当数据从移位寄存器全部发送出去时,会产生数据发送完成事件 TC,这些事件可以在状态寄存器中查询到。

而接收数据则是一个逆过程,数据从串口线 Rx 一位一位地输入到接收移位寄存器,然后自动地转移到接收数据寄存器 RDR,最后用内核指令或 DMA 读取到内存(变量)中。

7.2 STM32 串口固件库驱动实例及函数详解

7.2.1 STM32 串口驱动编程

在固件库的 Project→STM32F10x_StdPeriph_Examples→USART→Interrupt 文件夹下,打开 main.c 文件,查看相关实例代码。

GPIO 结构体类型变量的定义如图 7-2 所示,作为 USART 接收端的配置如图 7-3 所示,作为 USART 发送端的配置如图 7-4 所示。注意发送、接收时数据的传输方向,发送时,数据从 STM32 控制器传给上位机,需要配置为输出。同理,接收时,需要配置为输入。

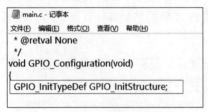

图 7-2 GPIO 结构体类型变量的定义

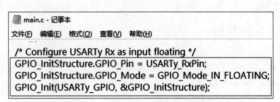

图 7-3 USART 接收端的配置

图 7-4 发送端的 GPIO 端口配置

GPIO 是使用复用功能,所以要把它配置为复用推挽输出模式(GPIO_Mode_AF_PP)。而 Rx 引脚为接收端,输入引脚,所以配置为浮空输入模式(GPIO_Mode_IN_FLOATING)。如果在使用复用功能时对 GPIO 的模式不太确定,我们可以从 STM32 参考手册的 GPIO 章节中查询,如图 7-5 所示。

继续参考开启 GPIO 和 USART 时钟,如图 7-6 所示,找到 USART 初始化结构体类型定义,如图 7-7 所示。填充结构体,调用 USART 初始化函数,如图 7-8 所示。我们可以找到对应 USART 配置的初始化代码,这部分内容是根据串口通信协议来设置的。

(1).USART_BaudRate:波特率设置。利用库函数可以直接配置波特率,而不需要自行计算 USARTDIV 的分频因子。在这里,可以把串口的波特率设置为 115200,也可以设

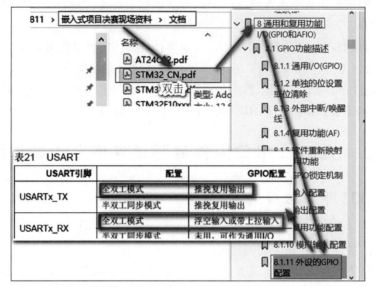

图 7-5　查找串口的 GPIO 控制

置为 9600 等常用的波特率。如果配置成 9600，那么在与 PC 通信的时候，也应把 PC 的串口传输波特率设置为 9600。通信协议要求两个通信器件之间的波特率、字长、停止位、奇偶校验位都相同。

图 7-6　开启 GPIO 和 USART 时钟　　　　图 7-7　串口结构体类型变量定义

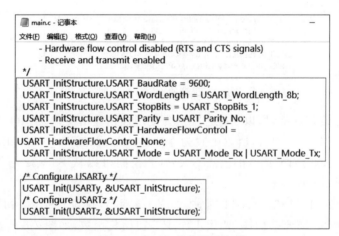

图 7-8　串口初始化配置实例

（2）.USART_WordLength：配置串口传输的字长。

（3）.USART_StopBits：配置停止位。

（4）.USART_Parity＝USART_Parity_No：配置奇偶校验位。本例程不设置奇偶校验位。

（5）.USART_HardwareFlowControl＝USART_HardwareFlowControl_None：配置硬件流控制，本例程不采用硬件流。在STM32的很多外设都具有硬件流的功能，其功能表现为：当外设硬件处于"准备就绪"的状态时，硬件启动自动控制，而不需要软件再进行干预。在串口外设的硬件流具体表现为：使用串口的RTS（request to send）和CTS（clear to send）针脚，当串口已经准备好接收新数据时，由硬件流自动把RTS针拉低（向外表示可接收数据）；在发送数据前，由硬件流自动检查CTS针是否为低（表示是否可以发送数据），再进行发送。本串口例程没有使用到CTS和RTS，所以不采用硬件流控制。

（6）.USART_Mode＝USART_Mode_Rx｜USART_Mode_Tx：配置串口的模式。为了配置双线全双工通信，在这里需要把Rx和Tx模式都开启。

填充完结构体，调用库函数USART_Init()向寄存器写入配置参数。然后调用USART_ITConfig()及USART_Cmd()函数如图7-9所示。

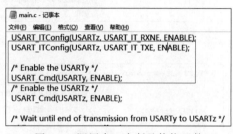

图7-9 调用串口中断及使能函数

有关USART_ITConfig()函数，读者可以在固件库中查找相关功能说明：使能或者失能指定的USART中断，如图7-10所示。最后，调用USART_Cmd()函数以使能USART2外设。在使用外设时，不仅要让其时钟使能，还要调用此函数让外设使能，才可以正常使用。

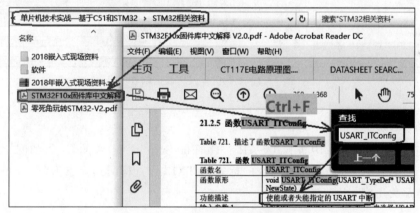

图7-10 查找串口的中断配置函数

7.2.2 串口查询方式发送数据

打开\STM32固件库v3.5\STM32F10x_StdPeriph_Lib_V3.5.0\Project\STM32F10x_StdPeriph_Examples\USART\Polling，如图7-11所示。polling的含义为轮询，即串口通过查询方式发送或接收数据。

打开中文版固件库文件，查找串口发送数据函数，如图7-12所示。

调用完USART_SendData()发送数据后，要使用下面语句：

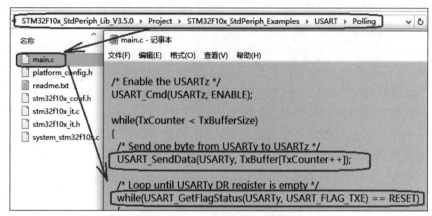

图 7-11　查看串口发送数据代码

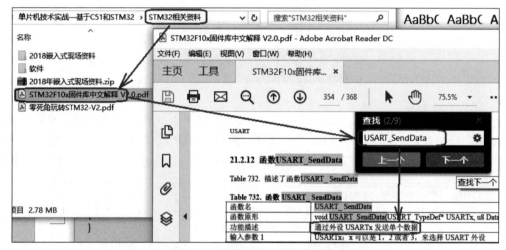

图 7-12　查找串口发送数据函数

```
while(USART_GetFlagStatus(USART2,USART_FLAG_TXE)==RESET);
//查询发送数据寄存器空标志位
```

继续在中文版固件库中查找 USART_GetFlagStatus()函数的含义,如图 7-13 所示。不断地检查串口发送寄存器是否为空的标志位 TXE,一直检测到标志为"空",才进入下一步的操作,避免出错。

7.2.3　串口中断方式接收数据

找到中断配置相关程序代码,如图 7-14 所示,将接收引脚改成 PA3,发送引脚改成 PA2,中断 IRQChannel 改成 USART2_IRQn,再使能对应的时钟即可。打开同目录下的 stm32f10x_it.c 可以找到接收中断函数相关代码,如图 7-15 所示。

继续在固件库中查找相关函数的功能说明及用法,即接收是否完成,如图 7-16 所示。

接收所有字符后,使中断失能:USART_ITConfig(USART2,USART_IT_RXNE,DISABLE);查找该函数用法,如图 7-17 所示。当然,在 main()函数中再次接收又要让中断使能:USART_ITConfig(USARTy,USART_IT_RXNE,ENABLE)。

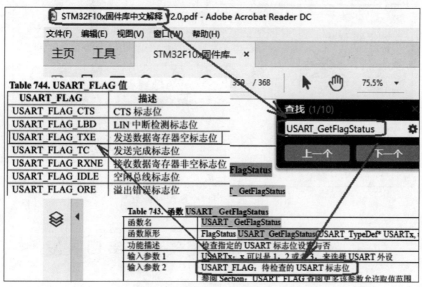

图 7-13　查找串口标志位函数及用法

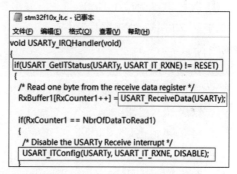

图 7-14　串口中断配置实例　　　　　图 7-15　串口接收中断函数实例

图 7-16　查找串口中断接收函数

图 7-17　查找串口中断配置函数

USART 实践

7.3　STM32 串口应用实例：串口收发

7.3.1　基于标准库的竞赛板上实现

STM32 串口实现的功能要求：

① 通过串口调试工具，连接 PC 与串口调试软件，将波特率设置为 19200。

② 从 STM32 处理器发送"Welcome to HBEU"，在计算机的串口调试小助手上查看接收的字符。

③ 在串口调试小助手中发送字符串"11223344"＋x（以 x 结尾的字符串）到 STM32 处理器，在 LCD 屏第 7 行显示 11223344，以"x"位结束标志。

LCD 屏显示要求：

① 屏幕初始化显示如下。

第 1 行："　　　USART DEMO　　　"。

第 3 行："　　　Receive & Display　　　"。

② 在 LCD 屏上继续显示从串口接收到的字符串。

第 6 行："Receive："。

第 7 行：接收到的字符。

（1）USART 硬件连接原理。

① 串口与计算机的连接。STM32 通过串口与计算机连接可以采用多种方式，一般情况下，从 STM32 端口的发送/接收引脚出来，通过 USB 转串口接口，最后把 USB 接口接到计算机上。其连接示意图如图 7-18 所示。其中 USB 转串口电路可以是单独的模块，也可以直接集成到开发板上；该转换电路需要软件支持，若操作系统没有自带，一般需要安装相应的 USB 转串口驱动程序（从商家购买 USB 转串口模块时，会提供相应的驱动安装文件）。

图 7-18　单片机通过串口连接计算机示意图

上位机(计算机)需要运行串口调试小助手,在串口调试小助手既可以收到 STM32 发送过来的字符也可以发送信息,STM32 同样可以收到来自上位机相应的信息。

② STM32 端口引脚。有关 STM32 的端口引脚,读者可以直接从原理图上查看引脚,如图 7-19 所示,也可以直接从开发板的使用说明中查看,如图 7-20 所示,还可以从使用手册上查看,如图 7-21 所示。本实例中端口引脚使用 UART2,查找 UART1 端口的输入/输出引脚方法与 UART2 的操作方法类似。

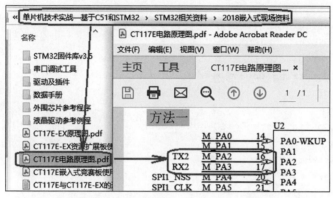

图 7-19　在原理图上查看端口引脚

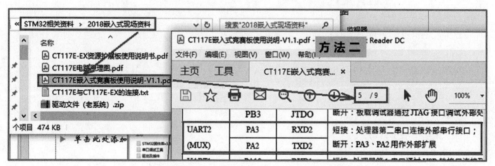

图 7-20　在使用说明中查看端口引脚

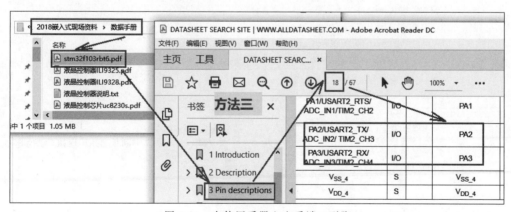

图 7-21　在使用手册上查看端口引脚

USART 实
例视频

(2) STM32 串口完整代码实现。

① main.c 文件。

```c
#include "stm32f10x.h"
#include "lcd.h"
#include "stdio.h"
uint32_t TimingDelay = 0;
uint8_t USART_RXBUF[20];
extern uint8_t RXOVER;
void NVIC_Configuration(void);
void Delay_Ms(uint32_t nTime);
void USART_Config(void);
void USART_SendString(int8_t * str);
int main(void)
{   uint8_t i;
    SysTick_Config(SystemCoreClock/1000);          //每隔 1ms 中断一次
    STM3210B_LCD_Init();
    LCD_Clear(White);
    LCD_SetTextColor(White);
    LCD_SetBackColor(Blue);
    LCD_ClearLine(Line0);
    LCD_ClearLine(Line1);
    LCD_ClearLine(Line2);
    LCD_ClearLine(Line3);
    LCD_ClearLine(Line4);
    LCD_DisplayStringLine(Line1,"     USART DEMO          ");
    LCD_DisplayStringLine(Line3,"   Receive & Display   ");
    LCD_SetTextColor(Blue);
    LCD_SetBackColor(White);
    USART_Config();
    LCD_DisplayStringLine(Line6,"Receive:");
    USART_SendString("Welcome to HBEU\r\n");         //发送字符串
    while(1)
    {   if(RXOVER == 1)
        {   LCD_ClearLine(Line7);
            LCD_DisplayStringLine(Line7,USART_RXBUF);
            for(i=0;i<20;i++)
            {    USART_RXBUF[i] =' ';               //清空接收区
            }
            RXOVER = 0;
            USART_ITConfig(USART2,USART_IT_RXNE,ENABLE);
                                     //串口 2 接收中断使能,开启接收中断
        }
    }
}
void USART_Config(void)
{   GPIO_InitTypeDef GPIO_InitStructure;
    USART_InitTypeDef USART_InitStructure;
    RCC_APB2PeriphClockCmd(RCC_APB2Periph_GPIOA,ENABLE);     //开启时钟
```

```
RCC_APB1PeriphClockCmd(RCC_APB1Periph_USART2,ENABLE);
NVIC_Configuration();

//配置 USART2 TX 引脚工作模式
GPIO_InitStructure.GPIO_Pin = GPIO_Pin_2;
GPIO_InitStructure.GPIO_Mode = GPIO_Mode_AF_PP;                //复用推挽输出
GPIO_InitStructure.GPIO_Speed = GPIO_Speed_50MHz;
GPIO_Init(GPIOA,&GPIO_InitStructure);

//配置 USART2 RX 引脚工作模式
GPIO_InitStructure.GPIO_Pin = GPIO_Pin_3;
GPIO_InitStructure.GPIO_Mode = GPIO_Mode_IN_FLOATING;          //浮空输入
GPIO_Init(GPIOA,&GPIO_InitStructure);

//串口 2 工作模式配置
USART_InitStructure.USART_BaudRate = 19200;        //可根据题目要求设置波特率
USART_InitStructure.USART_WordLength = USART_WordLength_8b;    //8 位数据
USART_InitStructure.USART_StopBits = USART_StopBits_1;        //停止位为 1
USART_InitStructure.USART_Parity = USART_Parity_No;          //无奇偶校验
USART_InitStructure.USART_HardwareFlowControl = USART_HardwareFlowControl_
None;                                                        //无硬件流
USART_InitStructure.USART_Mode = USART_Mode_Rx | USART_Mode_Tx;
//既发送又接收
USART_Init(USART2,&USART_InitStructure);
USART_ITConfig(USART2,USART_IT_RXNE,ENABLE);                  //接收中断使能
USART_Cmd(USART2,ENABLE);                                     //串口 2 使能
}
void USART_SendString(int8_t * str)
{   uint8_t index = 0;
    do
    {   USART_SendData(USART2,str[index]);                    //串口 2 发送数据
        while(USART_GetFlagStatus(USART2,USART_FLAG_TXE) == RESET);
        //等待串口 2 发送完成
        index++;
    }
        while(str[index] != 0);                               //检查字符串结束标志
}
void NVIC_Configuration(void)
{   NVIC_InitTypeDef NVIC_InitStructure;
    NVIC_PriorityGroupConfig(NVIC_PriorityGroup_2);           //中断分组
    NVIC_InitStructure.NVIC_IRQChannel = USART2_IRQn;         //配置串口 2 中断
    NVIC_InitStructure.NVIC_IRQChannelPreemptionPriority = 1; //抢占优先级 1
    NVIC_InitStructure.NVIC_IRQChannelSubPriority = 0;        //响应优先级 0
    NVIC_InitStructure.NVIC_IRQChannelCmd = ENABLE;           //中断使能
    NVIC_Init(&NVIC_InitStructure);
}
void Delay_Ms(uint32_t nTime)
{   TimingDelay = nTime;
```

```
        while(TimingDelay != 0);
    }
```

② USART 中断服务程序。

```
//全局变量、外部变量定义
extern uint32_t TimingDelay;
extern uint8_t USART_RXBUF[20];
uint8_t RXOVER = 0;
uint8_t RXCUNT = 0;
//中断服务程序
void USART2_IRQHandler(void)
{   uint8_t temp;
    if(USART_GetITStatus(USART2,USART_IT_RXNE) != RESET)  //检查串口 2 是否接收中断
    {temp = USART_ReceiveData(USART2);              //接收数据后传给变量 temp
        if((temp == 'x') || (RXCUNT == 20))
        {   RXCUNT = 0;
            RXOVER = 1;                             //接收完成标志位置 1
            USART_ITConfig(USART2,USART_IT_RXNE,DISABLE);
                    //串口 2 接收中断失能,主函数中需开启
        }
        else
        {   USART_RXBUF[RXCUNT] = temp;
            ++RXCUNT;
        }
    }
}
```

（3）STM32 串口程序。

① 文件加载。加载片内外设驱动文件如图 7-22 所示，主要涉及开启时钟、GPIO 端口、中断和串口配置文件。

② Keil 中的串口仿真。首先进入仿真，进入仿真前先设置仿真器，如图 7-23 所示。

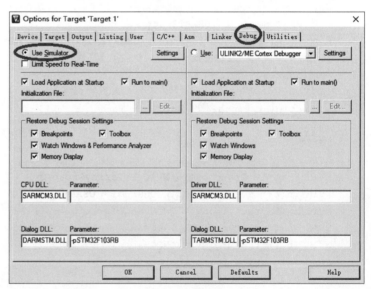

图 7-22　片内外设".c"文件　　　　　　　　图 7-23　进入仿真

进入仿真后,打开逻辑分析仪,设置变量为 USART2_DR、Display Type(显示类型)为 State,如图 7-24 所示。然后查看波形,依次单击"运行""停止""All"(所有波形显示),如图 7-25 所示。微调波形,单击"In",并滑动滑块,可以看到所发送字符的 ASCII 码,如图 7-26 所示。

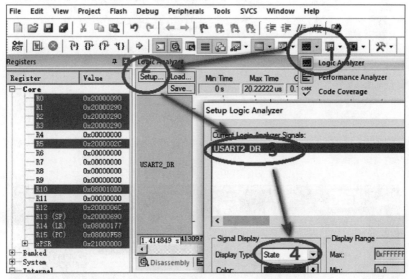

图 7-24　逻辑分析仪中的 ASCII 码显示设置

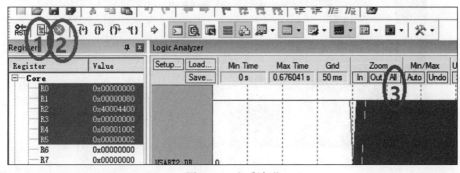

图 7-25　查看波形

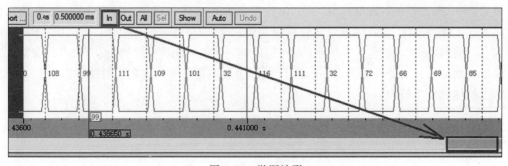

图 7-26　微调波形

查看串口中的实时数据如图 7-27 所示。

③ 开发板的现象。先查看上位机串口的端口号,如图 7-28 所示(右击桌面上的"我的

第 7 章

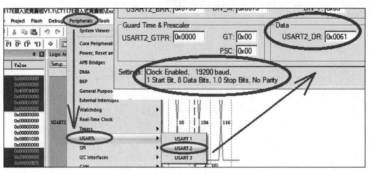

图 7-27　查看串口数据

电脑",依次选择相应的命令即可查看端口号),本实例为 COM5。若有多个,我们可以都试一试。

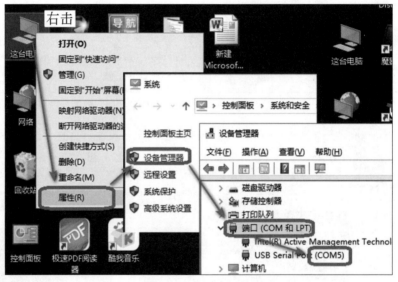

图 7-28　查看串口号

　　打开串口调试小助手,如图 7-29 所示。进入串口调试小助手后,需要设置相关参数,串口号为图 7-28 中所查到的端口号,其他参数根据实际程序来确定。打开串口后,按开发板上的 Reset 键,显示区就能接收到从开发板发送过来的"Welcome to HBEU",每按 Reset 键一次,就会接收一次,如图 7-30 所示;在发送区输入字符,如图 7-31 所示,单击"手动发送",开发板上就能收到对应的字符,根据题目要求,如果不是以 x 结束的字符串,当超过 20 个字符后也能接收到字符串。

7.3.2　基于 CubeMX 的 Proteus 仿真实现

　　功能描述:

　　① 通过虚拟串口软件连接 Proteus 中的 STM32 和串口调试小助手,将波特率设置为 19200。

　　② 从 STM32 发送"Welcome to HBEU",在串口调试小助手上查看接收的字符。

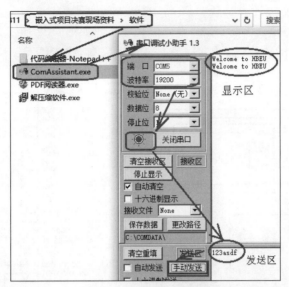

图 7-29　串口调试小助手

图 7-30　STM32 发送数据

图 7-31　STM32 串口接收数据

③ 在串口调试小助手中发送字符串＋x 到开发板,在 LCD 屏第 7 行显示字符串,以 x
位结束标志。

LCD 屏显示要求:

① 屏幕初始化显示如下。

第 1 行:"　　　USART DEMO　　　"。

第 3 行:"　　Receive & Display　　"。

② 在 LCD 屏上继续显示从串口接收到的字符串。

第 5 行:"Receive:"。

第 7 行：接收到的字符。

（1）串口收发仿真原理。STM32 串口仿真电路图如图 7-32 所示，该图中的 LCD 端口跟前面的一致；用 CubeMX 配置串口时，输入/输出引脚会自动配置，不需要查阅其他资料。

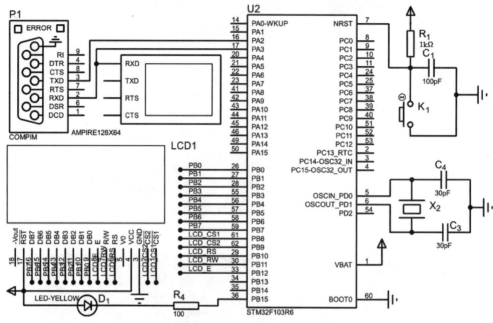

图 7-32　STM32 串口仿真电路图

利用 Proteus 进行串口仿真时需要安装虚拟串口，装好后桌面图标如图 7-33 所示。

图 7-33　虚拟串口图标

另外，串口调试小助手相当于上位机软件，通过串口调试小助手跟 STM32 通信。当 STM32 发送信息、PC 接收信息时，数据流如图 7-34 所示。

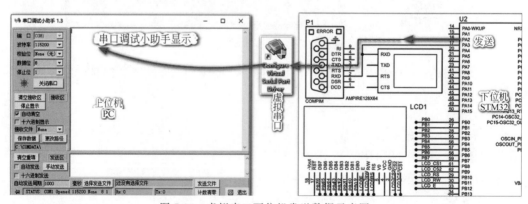

图 7-34　虚拟串口下位机发送数据示意图

当串口调试小助手发送数据、STM32 接收信息时，数据流如图 7-35 所示。

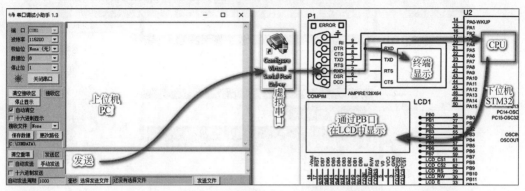

图 7-35　虚拟串口下位机接收数据示意图

（2）CubeMX 配置。本例程配置时，LCD 屏只需要加载驱动文件即可。跟液晶显示的例程配置过程类似，时钟源需要选择内部高速时钟。除串口配置外，其他配置具体操作可以参考 LED 灯例程。配置过程如下。

① 启动 STM32 CubeMX 软件，新建工程。

② 根据原理图中的处理器，选择型号为 STM32F103R6 的处理器。

③ 配置时钟源及端口，在时钟树中选择内部晶振作为高速时钟，跟前面例程不一样，注意区别，如图 7-36 所示。

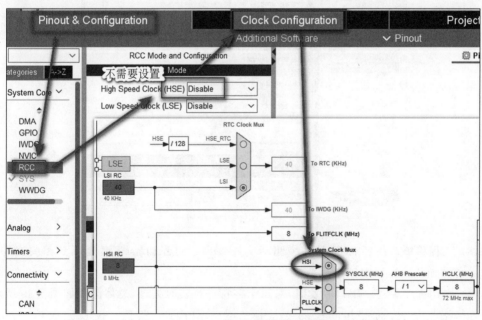

图 7-36　串口仿真的时钟配置

④ 配置串口 USART2，设置波特率为 19200，既发送又接收，如图 7-37 所示。配置中断分组及串口中断优先级，如图 7-38 所示。

⑤ 设置工程输出配置参数，生成代码，注意工程名称，并打开工程，进入工程后打开 main() 函数所在文件夹。

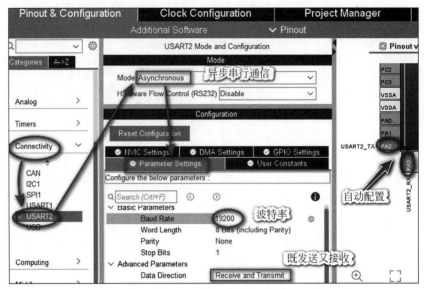

图 7-37　串口参数配置

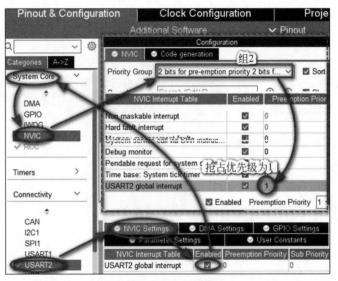

图 7-38　串口中断配置

（3）工程移植。找到 LCD 的 3 个驱动文件 lcd.c、lcd.h 和 ascii.h，复制到相关文件夹，并将.c 文件加载到工程中。

（4）应用程序编程。串口收发时，对每个字符进行实时处理，总体流程如图 7-39 所示。

等待接收完成，通过判断全局变量标志位 RXOVER 实现。接收完成后，标志位 RXOVER 在 main()函数中清零，核心代码如下。

```
/* USER CODE BEGIN WHILE */
while(1)
{    if(RXOVER == 1)           //接收是否完成
     {  LCD_Disp_Strings(LCD_PAGE6,5,(uint8_t *)USART_RXBUF,15,
```

```
        BACK_REVERSE);
        …          //清空接收缓冲区
        RXOVER = 0;                        //清除接收标志
        _HAL_UART_ENABLE_IT(&huart2,UART_IT_RXNE);    //使能接收中断
    }
}
/* USER CODE END WHILE * /
```

接收完成时,在中断服务程序中对 RXOVER 置 1,接收中断服务程序流程如图 7-40 所示。中断服务程序核心代码如下。

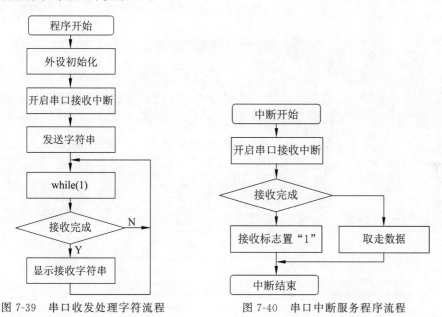

图 7-39　串口收发处理字符流程　　　　图 7-40　串口中断服务程序流程

```
/* USER CODE BEGIN USART2_IRQn 1 * /
HAL_UART_Receive_IT(&huart2,(uint8_t *)aRxBuffer,1); //串口接收,每次接收 1 位
    if(接收完成)
    {   RXCUNT = 0;                            //接收缓冲区字节数清"0"
        RXOVER = 1;                            //接收完成标志位置"1"
    }
    else
    {   接收字符;
        ++RXCUNT;                              //接收缓冲区字节数加 1
    }
/* USER CODE END USART2_IRQn 1 * /
```

具体操作过程如下。

在 main.c 文件中添加♯include "lcd.h"语句及 LCD 初始化函数,如图 7-41 所示。

第 108 行代码开启串口接收中断,该函数所在位置如图 7-42 所示;第 109 行代码是用户自己编写的函数。

函数声明及定义如图 7-43 所示。

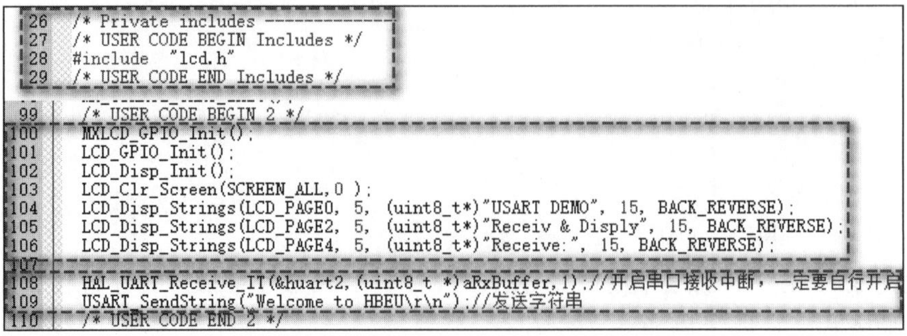

```
26   /* Private includes ----------------
27   /* USER CODE BEGIN Includes */
28   #include "lcd.h"
29   /* USER CODE END Includes */
```

```
99    /* USER CODE BEGIN 2 */
100   MXLCD_GPIO_Init();
101   LCD_GPIO_Init();
102   LCD_Disp_Init();
103   LCD_Clr_Screen(SCREEN_ALL,0 );
104   LCD_Disp_Strings(LCD_PAGE0, 5, (uint8_t*)"USART DEMO", 15, BACK_REVERSE);
105   LCD_Disp_Strings(LCD_PAGE2, 5, (uint8_t*)"Receiv & Disply", 15, BACK_REVERSE);
106   LCD_Disp_Strings(LCD_PAGE4, 5, (uint8_t*)"Receive:", 15, BACK_REVERSE);
107
108   HAL_UART_Receive_IT(&huart2,(uint8_t *)aRxBuffer,1);//开启串口接收中断,一定要自行开启
109   USART_SendString("Welcome to HBEU\r\n");//发送字符串
110   /* USER CODE END 2 */
```

图 7-41　LCD 初始化及串口允许接收中断代码

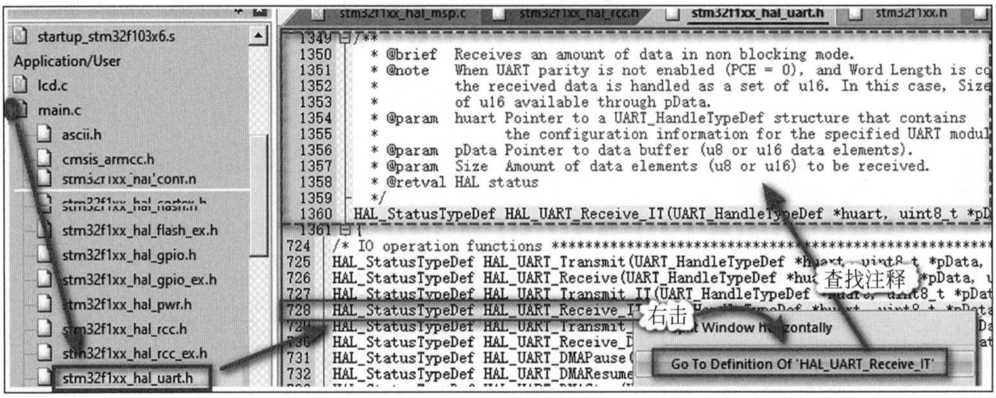

图 7-42　串口接收允许中断函数的查找

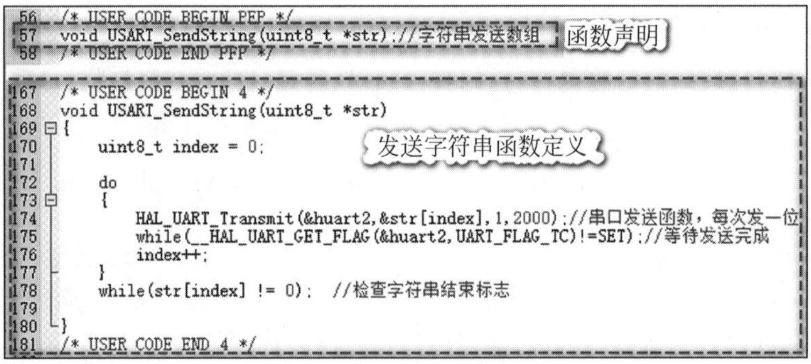

```
56    /* USER CODE BEGIN PFP */
57    void USART_SendString(uint8_t *str);//字符串发送数组    函数声明
58    /* USER CODE END PFP */
```

```
167   /* USER CODE BEGIN 4 */
168   void USART_SendString(uint8_t *str)
169   {                                          发送字符串函数定义
170       uint8_t index = 0;
171
172       do
173       {
174           HAL_UART_Transmit(&huart2,&str[index],1,2000);//串口发送函数,每次发一位
175           while(__HAL_UART_GET_FLAG(&huart2,UART_FLAG_TC)!=SET);//等待发送完成
176           index++;
177       }
178       while(str[index] != 0);   //检查字符串结束标志
179
180   }
181   /* USER CODE END 4 */
```

图 7-43　串口发送字符串函数

用类似的方法,可以找到发送字符函数及等待发送完成标志函数的使用,如图 7-44
所示。

补充相关变量、数组的定义及接收字符串的处理,如图 7-45 所示。

中断文件的变量定义及中断服务程序编写如图 7-46 所示,串口接收相关函数查找方法
跟发送函数查找方法类似。

经编译链接,将.hex 文件加载到 Proteus 中,设置 Proteus 中串口及终端的波特率均为
19200,如图 7-47 所示。

安装好虚拟串口,并增加虚拟串口,如图 7-48 所示。

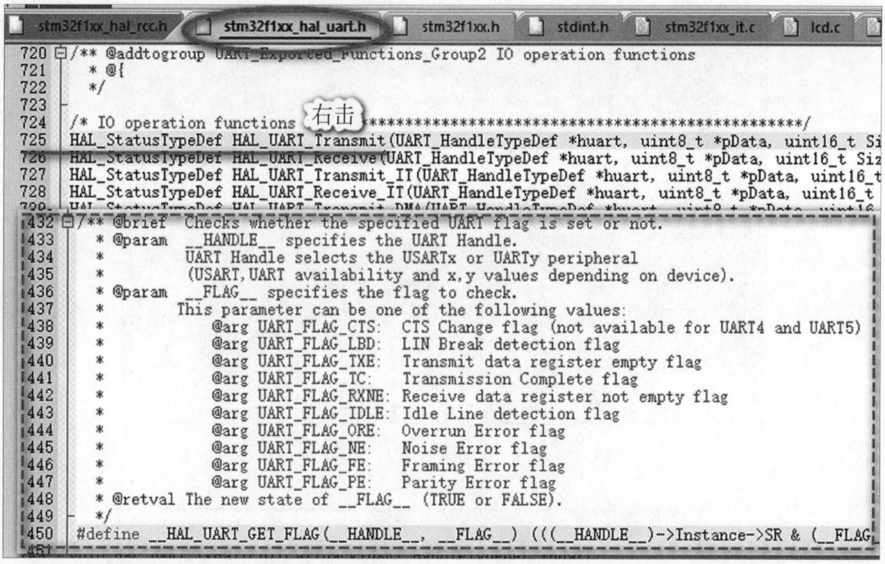

图 7-44 其他函数的使用说明

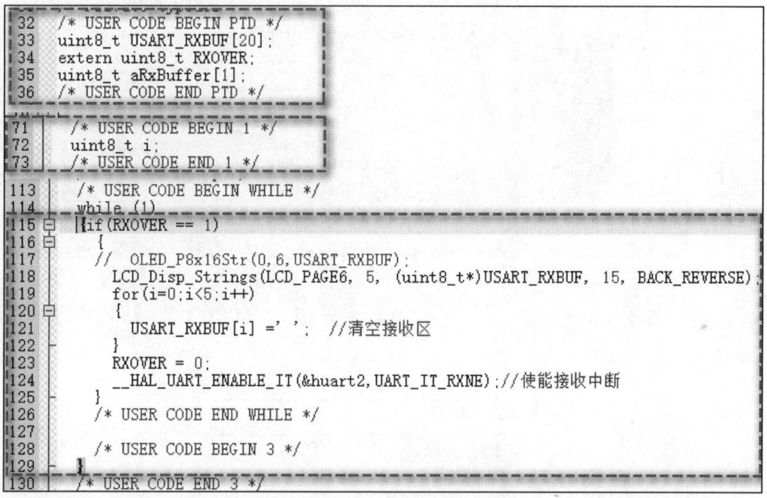

图 7-45 接收字符串的处理

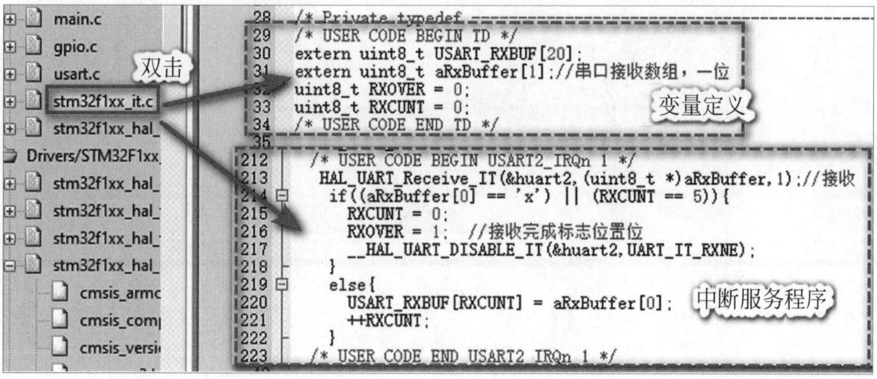

图 7-46 接收中断服务程序

STM32 串口

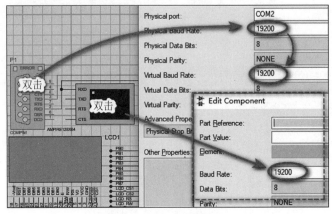

图 7-47　串口仿真设置

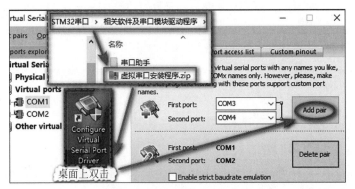

图 7-48　虚拟串口的配置

打开串口调试小助手,选择端口号,设置波特率也为 19200,打开串口后,指示灯变为红色,如图 7-49 所示。

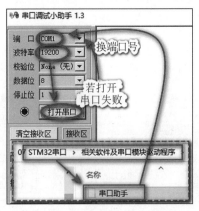

图 7-49　串口调试小助手的设置

运行后能看到接收到的信息,输入单个字符 6 次后,液晶屏能看到收到的 5 个字符,如图 7-50 所示。依次输入 2gx 后,能看到液晶屏显示 2g,如图 7-51 所示。

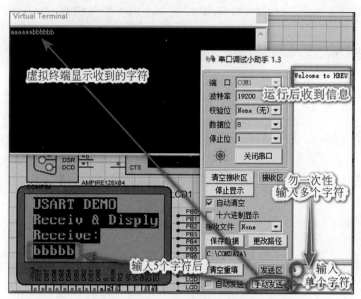

图 7-50　串口收发数据的调试

图 7- 51　上位机通过串口发送结束字符

习　题　7

试修改 7.3 节程序,实现以下功能。

开机时,LCD 屏第 1 行显示"Welcome to HBEU！"。

串口调试小助手显示信息如下。

"Welcome to HBEU！"

"The meanings of the letters are as follows："

"M　F　B　A　C　"

"M：message　F：flow　B：bill　A：affirm　C：cancel　"

"You can Only enter one letter as following："

串口调试小助手及 LCD 屏的第 2 行显示"Input：M F or B"。

若用户在串口调试小助手输入"M",串口调试小助手及 LCD 屏的第 2 行显示"Input：A or C"。

若用户在串口调试小助手输入"A",串口调试小助手及 LCD 屏的第 2 行显示"Message Affirmed"。

若用户在串口调试小助手输入"C"，串口调试小助手及 LCD 屏的第 2 行显示"Input：M F or B"。

若用户在串口调试小助手输入"F"，串口调试小助手及 LCD 屏的第 2 行显示"Input：A or C"。

若用户在串口调试小助手输入"A"，串口调试小助手及 LCD 屏的第 2 行显示"Flow Affirmed"。

若用户在串口调试小助手输入"C"，串口调试小助手及 LCD 屏的第 2 行显示"Input：M F or B"。

若用户在串口调试小助手输入"B"，串口调试小助手及 LCD 屏的第 2 行显示"Input：A or C"。

若用户在串口调试小助手输入"A"，串口调试小助手及 LCD 屏的第 2 行显示"Bill Affirmed"。

若用户在串口调试小助手输入"C"

......

若串口调试小助手没按指定字母输入，输错任意字母，串口调试小助手及 LCD 屏的第 2 行显示"Input Error"，并延时 2s。

然后重新提示输入正确的信息。

输入信息状态转换如图 7-52 所示。

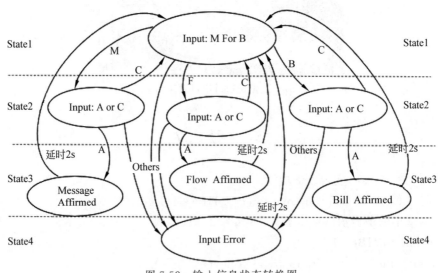

图 7-52　输入信息状态转换图

第8章 | STM32 模数转换

本章主要介绍模数（AD）转换，读者重点理解 AD 转换基本原理及实际应用，熟悉 AD转换时间的计算。

8.1　模数转换基本原理

AD 基本原理

8.1.1　温度采集系统简介

以温度采集系统实例介绍 AD 转换基本原理，温度采集系统框图如图 8-1 所示，该系统主要分为 4 个模块。

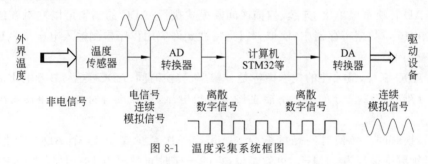

图 8-1　温度采集系统框图

外界温度信号通过温度传感器之后变成电信号，该电信号变化规律跟外界温度波动情况一致。传感器的作用：将非电信号转换为电信号。这种电信号随外界温度连续变化，也称模拟信号，其变化幅度与传感器参数相关。模拟信号作为模数（AD）转换器的输入，AD转换器周期性地检测模拟信号的数值（采样），将检测到的每个数值（离散数字信号）依次传输至控制器（STM32 或 STC51 等），经过控制器处理后数模（DA）转换器又可以将离散数字信号转换为模拟信号，驱动其他设备的运转。

模拟信号与数字信号相互转换过程如图 8-2 所示。若连续模拟信号（假如范围为 0～5V，最大值为 5V，最小值为 0V）经采样后变成离散数值，存入计算机的存储器中。若每个存储单元为 8 位（范围为 0～255，最小值为 0，最大值为 255），转换时，5V 对应 255，0V 对应 0，中间值按比例转换，例如，2.5V 对应数值 128，该过程为模数转换。转换后得到一个一个离散数据，存放到存储器。

假如计算机把得到的每个数据 x 进行 $y=2+\sin(x)$ 运算，得到离散的 y 值（该过程是一种简单的数字信号处理过程），经过数模转换器，得到连续的模拟信号（电信号）。数模转换的过程类似于图 8-2 中右半部分，采用描点法将函数 $y=2+\sin(x)$ 所有点连接起来，画出该函数图形,得到完整波形(连续模拟信号)。数模转换过程是模数转换的逆过程。

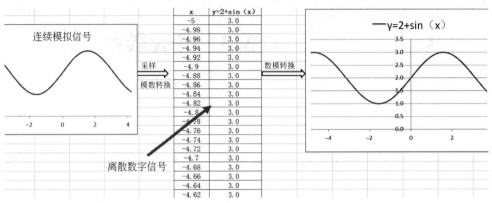

图 8-2　模拟信号与数字信号相互转换过程

8.1.2　ADC 性能指标

ADC(analog to digital converter,模数转换器)在模拟信号需要以数字形式处理、存储或传输时,几乎必不可少。STM32 在片上集成的 ADC 外设非常强大。12 位 ADC 是一种逐次逼近型模拟数字转换器。它有多达 18 个通道,可测量 16 个外部和 2 个内部信号源。各通道的 AD 转换可以单次、连续、扫描或间断模式执行;ADC 的结果可以左对齐或右对齐方式存储在 16 位数据寄存器中;模拟看门狗特性允许应用程序检测输入电压是否超出用户定义的高/低阈值。

对于 ADC 来说,最关注的技术指标是分辨率、转换时间、ADC 类型、参考电压范围。

(1) 分辨率。12 位分辨率。不能直接测量负电压,所以没有符号位,即其最小量化单位 $LSB=V_{REF+}/2^{12}$。

(2) 转换时间。转换时间是可编程的。采样一次至少要用 14 个 ADC 时钟周期,而 ADC 的时钟频率最高为 14MHz,也就是说,它的采样时间最短为 $1\mu s$,足以胜任中、低频数字示波器的采样工作。

(3) ADC 类型。ADC 的类型决定了它性能的极限,STM32 的是逐次比较型 ADC。

STM32 的 ADC 参考电压输入如表 8-1 所示。

表 8-1　ADC 参考电压

引 脚 名 称	信 号 类 型	注　　解
V_{REF+}	输入,模拟参考正极	ADC 使用的高端/正极参考电压,$2.4V \leqslant V_{REF+} \leqslant V_{DDA}$
V_{DDA}	输入,模拟电源	等效于 V_{DD} 的模拟电源且 $2.4V \leqslant V_{DDA} \leqslant V_{DD}(3.6V)$
V_{REF-}	输入,模拟参考负极	ADC 使用的低端/负极参考电压,$V_{REF-}=V_{SSA}$
V_{SSA}	输入,模拟电源地	等效于 V_{SS} 的模拟电源地
ADCx_IN[15:0]	模拟输入信号	16 个模拟输入通道

V_{DDA} 和 V_{SSA} 分别连接到 V_{DD} 和 V_{SS}。从表 8-1 可知,它的参考电压负极需要接地,即 $V_{REF-}=0V$。而参考电压正极的范围为 $2.4V \leqslant V_{REF+} \leqslant 3.6V$,所以 STM32 的 ADC 是不能直接测量负电压的,而且其输入的电压信号的范围为 $V_{REF-} \leqslant V_{IN} \leqslant V_{REF+}$。当需要测量负

电压或测量的电压信号超出范围时,要先经过运算电路进行平移或利用电阻分压。

8.1.3 STM32 的 ADC 工作过程

以 ADC 的规则通道转换来进行过程分析,如图 8-3 所示。所有的器件都是围绕中间的

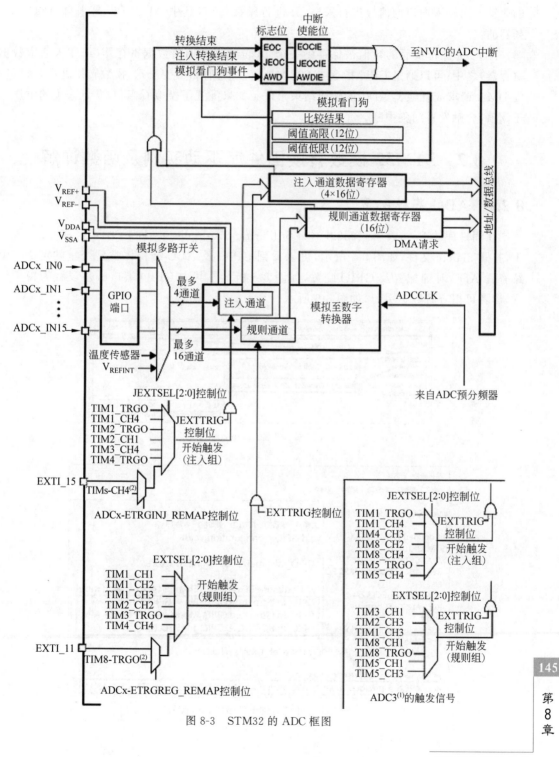

图 8-3　STM32 的 ADC 框图

STM32 模数转换

模数转换器部分(以下简称 ADC 部件)展开的。它的左端为 V_{REF+}、V_{REF-} 等 ADC 参考电压,ADCx_IN0~ADCx_IN15 为 ADC 的输入信号通道,即某些 GPIO 引脚。输入信号经过这些通道被送到 ADC 部件,ADC 部件需要受到触发信号才开始进行转换,如 EXTI 外部触发、定时器触发,也可以使用软件触发。ADC 部件接收到触发信号之后,在 ADCCLK 时钟的驱动下对输入通道的信号进行采样,并进行模数转换,其中 ADCCLK 是来自 ADC 预分频器的。

ADC 部件转换后的数值被保存到一个 16 位的规则通道数据寄存器(或注入通道数据寄存器)之中,可以通过 CPU 指令或 DMA 把它读取到内存(变量)。模数转换之后,可以触发 DMA 请求或者触发 ADC 的转换结束事件。如果配置了模拟看门狗,并且采集的电压大于阈值,会触发看门狗中断。

8.2 STM32 模数转换固件库驱动实例及函数详解

8.2.1 ADC 基础配置

在固件库的 Project→STM32F10x_StdPeriph_Examples→ADC→ADC1_DMA 文件夹下,打开 main.c 文件,如图 8-4 所示,可以看到 GPIO 及 ADC 结构体类型变量的定义。继续查看 ADC 时钟配置及 GPIO 配置,如图 8-5 所示。其中 GPIO 端口必须设置为模拟输入,读者可以查看数据手册,如图 8-6 所示。

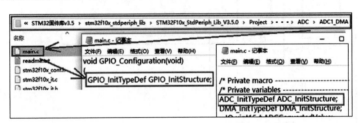

图 8-4 查看 main.c 文件

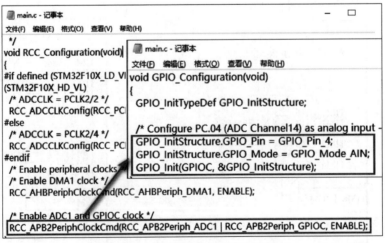

图 8-5 ADC 时钟配置及 GPIO 配置

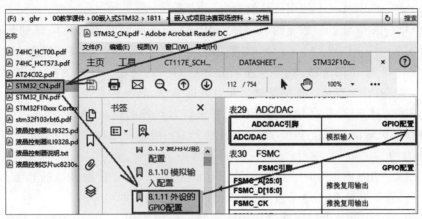

图 8-6　查找 ADC 的 GPIO 参数

继续查看 ADC 的初始化配置,如图 8-7 所示。

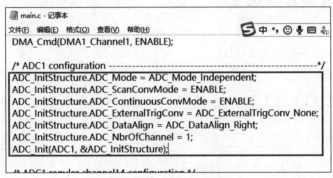

图 8-7　ADC 初始化配置

下面介绍结构体成员。

(1).ADC_Mode:STM32 具有多个 ADC,而不同的 ADC 又是共用通道的,当两个 ADC 采集同一个通道的先后顺序、时间间隔不同,就演变出了各种各样的模式,如同步注入模式、同步规则模式等(10 种)模式,我们应选择适合的模式以适应采集数据的要求。用来测量电阻分压后的电压值,要求不高,只使用一个 ADC 就可以满足要求,所以本成员被赋值为 ADC_Mode_Independent(独立模式)。

(2).ADC_ScanConvMode:当有多个通道需要采集信号时,可以把 ADC 配置为按一定的顺序来对各个通道进行扫描转换,即轮流采集各通道的值。若采集多个通道,必须开启此模式。若只采集一个通道的信号,所以 DISABLE(禁止)使用扫描转换模式。

(3).ADC_ContinuousConvMode:连续转换模式,此模式与单次转换模式相反。单次转换模式 ADC 只采集一次数据就停止转换。而连续转换模式则在上一次 ADC 转换完成后,立即开启下一次转换。后面使用软件触发转换,每触发一次转换一次,可以 DISABLE(失能)连续转换模式,即单次转换。

(4).ADC_ExternalTrigConv:ADC 需要在接收到触发信号后才开始进行模数转换,如外部中断触发(EXTI 线)、定时器触发,这两个为外部触发信号,如果不使用外部触发信号可以使用软件控制触发。使用软件控制触发,所以该成员被赋值为 ADC_

STM32 模数转换

ExternalTrigConv_None(不使用外部触发)。

（5）.ADC_DataAlign：数据对齐方式。用 ADC 转换后的数值被保存到数据寄存器（ADC_DR）的 0～15 位或 16～32 位，数据宽度为 16 位，而 ADC 转换精度为 12 位。把 12 位的数据保存到 16 位的区域，就涉及左对齐和右对齐的问题。这里的左、右对齐跟 Word 文档中的文本左、右对齐是一样的意思。左对齐即 ADC 转换的数值最高位 D_{12} 与存储区域的最高位 Bit15 对齐，存储区域的低 4 位无意义。右对齐则相反，ADC 转换的数值最低位 D_0 保存在存储区域的最低位 Bit0，高 4 位无意义。一般选择 ADC_DataAlign_Right(右对齐)会比较方便。

（6）.ADC_NbrOfChannel：这个成员保存了要进行 ADC 数据转换的通道数，可以为 1～16 个。只需要采集 PB0 这个通道，所以把成员赋值为 1 即可。

填充完结构体，就可以调用外设初始化函数进行初始化了，ADC 的初始化使用 ADC_Init()函数。

8.2.2　ADC 转换时间配置

ADC 的时钟(ADCCLK)设置图 8-8 所示，ADC 时钟频率越高，转换速度也就越快，但 ADC 时钟有上限值，不能超过 14MHz。

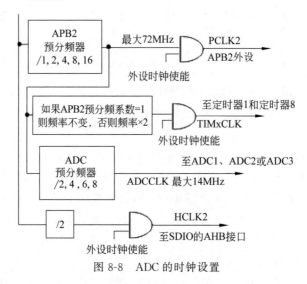

图 8-8　ADC 的时钟设置

配置 ADC 时钟，可使用函数 RCC_ADCCLKConfig()。ADC 的时钟(ADCCLK)为 ADC 预分频器的输出，而 ADC 预分频器的输入则为高速外设时钟(PCLK2)。使用 RCC_ADCCLKConfig()库函数实质就是设置 ADC 预分频器的分频值，可设置为 PCLK2 的 2、4、6、8 分频。PCLK2 的常用时钟频率为 72MHz，而 ADCCLK 频率必须低于 14MHz，所以在这个情况下，ADCCLK 最高频率为 PCLK2 的 8 分频，即 ADCCLK＝9MHz。若希望使 ADC 以最高频率 14MHz 运行，可以把 PCLK2 配置为 56MHz，然后 4 分频得到 ADCCLK。

若不进行预分频设置，就会产生误差。在工程中找到对应的函数，查看原函数代码，直接将参数填入即可，如图 8-9 所示。本例程进行 8 分频，使用下面语句。

```
RCC_ADCCLKConfig(RCC_PCLK2_Div8);
```

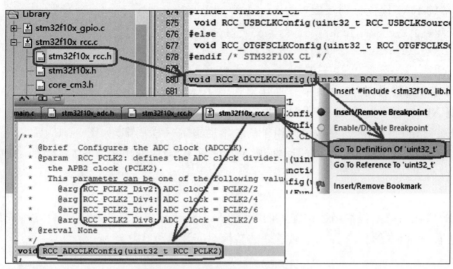

图 8-9　查找时钟预分频配置函数

ADC 的转换时间不仅与 ADC 的时钟有关，还与采样周期相关，每个不同的 ADC 通道都可以设置为不同的采样周期。配置时用库函数 ADC_RegularChannelConfig()，如图 8-10 所示的配置代码。在中文版固件库中查找该函数如图 8-11 所示。

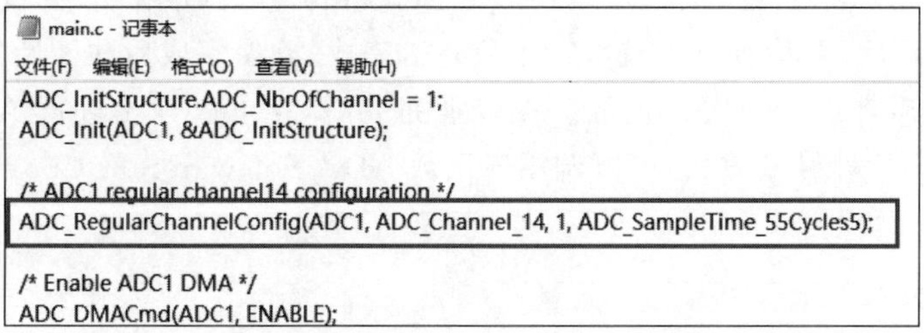

图 8-10　查看 ADC_RegularChannelConfig()函数

图 8-11　查找库函数中文解释

例如，使用下面代码进行配置。

```
ADC_RegularChannelConfig(ADC1,ADC_Channel_8,1,ADC_SampleTime_13Cycles5);
```

函数中的 RANK 值是指在多通道扫描模式时，本通道的扫描顺序。例如，通道 1、通道

第
8
章

STM32 模数转换

4、通道 7 的 RANK 值分别被配置为 3、2、1。

```
ADC_RegularChannelConfig(ADC1,ADC_Channel_1,3,ADC_SampleTime_13Cycles5);
ADC_RegularChannelConfig(ADC1,ADC_Channel_4,2,ADC_SampleTime_13Cycles5);
ADC_RegularChannelConfig(ADC1,ADC_Channel_7,1,ADC_SampleTime_13Cycles5);
```

在 ADC 扫描时,扫描的顺序为通道 7、通道 4,最后扫描通道 1。若只采集一个 ADC 通道时,把 ADC1 通道的 RANK 值配置为 1。

ADC_SampleTime 的参数值则用于配置本通道的采样周期,如图 8-11 中的表格,最短可配置为 1.5 个采样周期,这里的周期指 ADCCLK 时钟周期。根据 STM32 的 ADC 采样时间计算公式:

$$T_{SAM} = 采样周期 + 12.5 个周期$$

公式中的采样周期就是本函数中配置的 ADC_SampleTime,而后边加上的 12.5 个周期为固定的数值。所以本例程中 ADC1 通道 8 的转换时间计算公式如下所示。

$$T_{CONV} = (13.5 + 12.5) \times 1/ADC 时钟频率 = 26/ADC 时钟频率$$

初始化完成后调用 ADC_Cmd() 函数来使能 ADC 外设,如图 8-12 所示 main.c 其他代码。在开始 ADC 转换之前,需要启动 ADC 的自校准。ADC 有一个内置自校准模式,校准可大幅度减小因内部电容器组的变化而造成的准精度误差。在校准期间,在每个电容器上都会计算出一个误差修正码(数字值),这个码用于消除在随后的转换中每个电容器上产生的误差。在调用了复位校准函数 ADC_ResetCalibration() 和开始校准函数 ADC_StartCalibration() 后,要检查等待校准标志位是否完成,确保完成后才开始进行 ADC 转换。建议在每次上电后都进行一次自校准。在校准完成后,就可以开始进行 ADC 转换了。配置的 ADC 模式为软件触发方式,可以调用库函数 ADC_SoftwareStartConvCmd() 来开启软件触发,如图 8-13 所示。

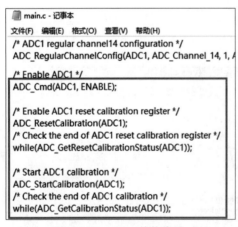

图 8-12　main.c 其他代码

图 8-13　软启动转换函数

调用这个函数使能 ADC1 的软件触发后,ADC 就开始进行转换了。每次转换完成后,用函数 ADC_GetConversionValue(ADC_TypeDef * ADCx) 读取 ADC 数据寄存器(ADC_DR)的值。本例程读取 ADC 转换的代码如下。

```
ADC_VALUE = ADC_GetConversionValue(ADC1) * 3.30/0xfff;
//读取 ADC1 的转换值并按比例计算实际电压
```

在工程中查找该函数,可以右击查看其定义及英文解释,如图 8-14 所示。

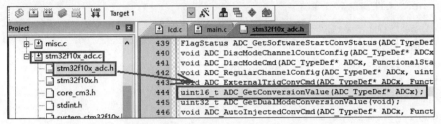

图 8-14　查找读取 ADC 转换函数

8.3　STM32 的模数应用实例：电位器电压显示

AD 实例
视频

8.3.1　基于标准库的竞赛板上实现

实现功能:调节电位器 R37 输出电压,要求 LCD 屏显示如下信息。

① 屏幕初始化显示如下。

第 1 行:"　　　　ADC DEMO　　　　"。

第 3 行:"　PB0-ADC channel 8　"。

② 在 LCD 屏上继续显示转换的数值(小数点后保留 3 位)。

第 7 行:"　ADC Value:数值　"。

(1) STM32 的 AD 硬件连接原理。AD 硬件电路图如图 8-15
所示,该电路图中只给出了 STM32 的引脚名称 M_PB0,当电位器
的值变化时,M_PB0 电压的值成正比改变。

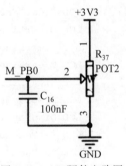

图 8-15　AD 硬件电路图

打开参考手册如图 8-16 所示,可以查到对应的引脚描述。引
脚名称标注中出现的 ADC_INx(x 表示 4~9 或 14~15 之间的整
数),表示这个引脚可以是 ADC1_INx 或 ADC2_INx。例如,ADC_
IN9 表示这个引脚可以配置为 ADC1_IN9,也可以配置为 ADC2_
IN9。PB0 对应的默认复用功能为 ADC123_IN8,也就是说可以使
用 ADC1 的通道 8、ADC2 的通道 8 或 ADC3 的通道 8 来采集 PB0 上的模拟电压数据,选择
ADC1 的通道 8 来采集。Proteus 电路中 AD 引脚也可以采用类似的方法查阅。

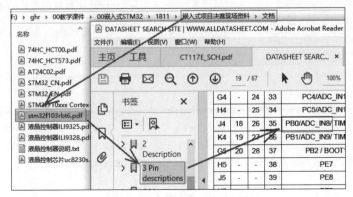

图 8-16　查看 ADC 通道引脚

STM32 模数转换

（2）STM32 的 AD 完整代码实现。

① main.c 文件。

```c
#include "stm32f10x.h"
#include "lcd.h"
#include "stdio.h"
uint32_t TimingDelay = 0;
uint8_t ADC_Flag;
void Delay_Ms(uint32_t nTime);
void ADC_Config(void);
float Read_ADC(void);
int main(void)
{   float adc_temp;
    uint8_t string[20];                             //ADC 结果
    SysTick_Config(SystemCoreClock/1000);       //每隔 1ms 中断一次
    ADC_Config();
    //LCD 工作模式配置
    STM3210B_LCD_Init();
    LCD_Clear(White);
    LCD_SetTextColor(White);
    LCD_SetBackColor(Blue);
    LCD_ClearLine(Line0);
    LCD_ClearLine(Line1);
    LCD_ClearLine(Line2);
    LCD_ClearLine(Line3);
    LCD_ClearLine(Line4);
    LCD_DisplayStringLine(Line1,"       ADC DEMO       ");
    LCD_DisplayStringLine(Line3,"  PB0-ADC channel 8 ");
    LCD_SetTextColor(Blue);
    LCD_SetBackColor(White);
    while(1)
    {   if(ADC_Flag)      //200ms 扫描一次 ADC
        {   ADC_Flag = 0;
            adc_temp = Read_ADC();
            sprintf(string,"%s%.3f","ADC Value:",adc_temp);
                                        //含小数点的数值转换为字符串
                LCD_DisplayStringLine(Line7,string);
            }
        }
}
void ADC_Config(void)
{   GPIO_InitTypeDef GPIO_InitStructure;
    ADC_InitTypeDef ADC_InitStructure;
    RCC_APB2PeriphClockCmd(RCC_APB2Periph_ADC1,ENABLE);   //开启时钟
    RCC_APB2PeriphClockCmd(RCC_APB2Periph_GPIOB,ENABLE);
    GPIO_InitStructure.GPIO_Pin = GPIO_Pin_0;                //PB0-ADC channel 8
    GPIO_InitStructure.GPIO_Mode = GPIO_Mode_AIN;           //模拟输入
```

```
    GPIO_Init(GPIOB,&GPIO_InitStructure);

    //ADC1 工作模式配置
    ADC_InitStructure.ADC_Mode = ADC_Mode_Independent;          //一个通道,独立模式
    ADC_InitStructure.ADC_ScanConvMode = DISABLE;              //一个通道,不使用轮流扫描
    ADC_InitStructure.ADC_ContinuousConvMode = DISABLE;        //单次转换,不用连续转换
    ADC_InitStructure.ADC_ExternalTrigConv = ADC_ExternalTrigConv_None;
    //不外部触发
    ADC_InitStructure.ADC_DataAlign = ADC_DataAlign_Right; //右对齐
    ADC_InitStructure.ADC_NbrOfChannel = 1;                   //通道数为 1
    ADC_Init(ADC1,&ADC_InitStructure);                        //ADC1 初始化
    RCC_ADCCLKConfig(RCC_PCLK2_Div8);  //ADC 的时钟预分频,72/8=9MHz
    //若不进行预分频,则默认为 36MHz>14MHz,采样后得到的数据将不准确
    ADC_RegularChannelConfig(ADC1,ADC_Channel_8,1, ADC_SampleTime_13Cycles5);
    //配置 ADC1 的通道 8 的采样周期为 13.5+12.5=26,采样时间为(1/9MHz) * 26≈3μs
    ADC_Cmd(ADC1,ENABLE);                                     //ADC1 外设使能
    ADC_ResetCalibration(ADC1);                               //ADC1 复位校准
    /* Check the end of ADC1 reset calibration register */
    while(ADC_GetResetCalibrationStatus(ADC1));   //等待 ADC1 的复位标志位完成
    ADC_StartCalibration(ADC1);                               //ADC1 开始校准
    /* Check the end of ADC1 calibration */
    while(ADC_GetCalibrationStatus(ADC1));        //等待 ADC1 的校准标志位完成
}
float Read_ADC(void)
{   float ADC_VALUE;
    ADC_SoftwareStartConvCmd(ADC1,ENABLE);            //软件触发转换
    Delay_Ms(5);
    ADC_VALUE=ADC_GetConversionValue(ADC1) * 3.30/0xfff;    //获取转换值并计算电压
    return ADC_VALUE;
}
void Delay_Ms(uint32_t nTime)
{   TimingDelay = nTime;
    while(TimingDelay != 0);
}
```

② SysTick 中断服务程序。

```
//全局变量、外部变量定义
extern uint32_t TimingDelay;
extern uint8_t ADC_Flag;
uint8_t Ms = 0;
void SysTick_Handler(void)           //中断服务程序
{
    TimingDelay--;
    if(++Ms == 200)                  //每隔 200ms 转换一次
    {   Ms = 0;
        ADC_Flag = 1;
    }
}
```

第 8 章

STM32 模数转换

（3）程序调试。

① 文件加载。加载片内外设驱动文件如图 8-17 所示，主要涉及开启时钟、GPIO 端口、中断和 ADC 配置文件。

② Keil 中查看时钟。进入 Keil 仿真，如图 8-18 所示。

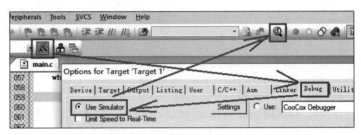

图 8-17　片内外设.c 文件

图 8-18　进入 Keil 仿真

查看 ADC 频率，如图 8-19 所示，默认情况下对 PCLK2 进行 2 分频，ADC 时钟频率为 36MHz。如图 8-20 所示，单击 run 按钮后，ADC 时钟频率经过 8 分频后变为 9MHz。

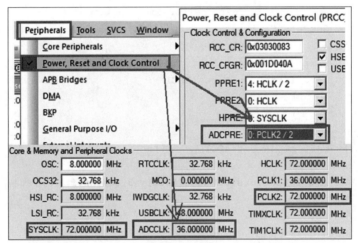

图 8-19　Keil 中查看 ADC 时钟频率

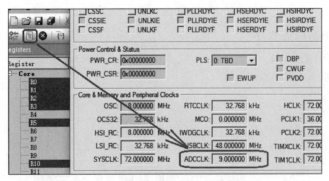

图 8-20　运行时的 ADC 时钟频率

（4）开发板现象。将 .hex 文件下载至开发板，旋转开发板电位器，可以看到电压的变化，其中最大值为 3.3V，如图 8-21 所示。

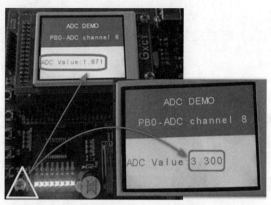

图 8-21　ADC 实物现象

8.3.2　基于 CubeMX 的 Proteus 仿真实现

实现功能：调节点位器 RV2 输出电压，要求 LCD 屏显示如下信息。

① 屏幕初始化显示如下。

第 1 行："　ADC DEMO　　"。

第 3 行："PA1-ADC chnnl 1"。

② 在 LCD 屏上继续显示转换的数值(小数点后保留 3 位)。

第 6 行："ADC Value:数值　"。

(1) 仿真原理。ADC 仿真原理图如图 8-22 所示，上下调整 RV2 的电阻值时，PA1 会得到 0～3.3V 的电压。经过 STM32 处理后，在 LCD1 屏上显示转换后的电压值。

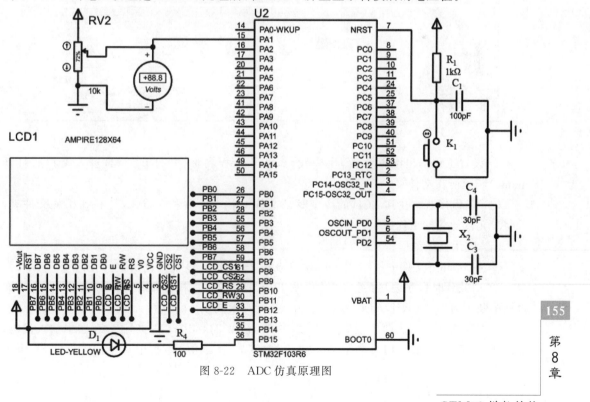

图 8-22　ADC 仿真原理图

（2）CubeMX 配置。本例程配置时，LCD 屏只需要加载驱动文件即可。与液晶显示的例程配置过程类似，除了 AD 转换配置外，其他配置具体操作可以参考 LED 灯例程。配置过程如下。

① 启动 STM32 CubeMX 软件，新建工程。

② 根据原理图中的处理器，选择型号为 STM32F103R6 的处理器。

③ 配置时钟源及端口：选择外部晶振作为高速时钟。配置 ADC 参数如图 8-23 所示，端口引脚会自动选择，不需要用户选择。选择通道 1 后，其他参数默认即可。

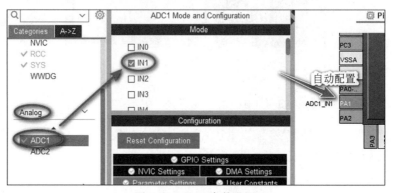

图 8-23　ADC 参数配置

④ 配置 STM32 的时钟树，ADC 选择 6 分频，得到 12MHz，如图 8-24 所示。若分频错误，会自动提示。

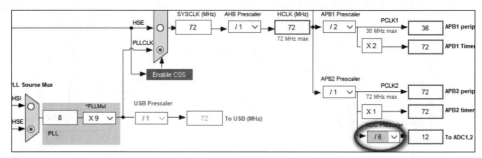

图 8-24　ADC 时钟配置

⑤ 设置工程输出配置参数，生成代码，注意工程名称，并打开工程，进入工程后打开 main() 函数所在文件夹。

（3）工程移植。找到 LCD 的 3 个驱动文件 lcd.c、lcd.h 和 ascii.h，复制到相关文件夹，并将.c 文件加载到工程中。

（4）应用程序编程。

① 在 main.c 文件中添加 ＃include "lcd.h"语句及 LCD 初始化函数，如图 8-25 所示。

② 高效延时程序编写：系统时钟 SysTick_Handler()中断每毫秒(ms)会执行一次，通过该中断定时 200ms，让 ADC 每隔 200ms 执行一次转换。

在中断文件中加入两个全局变量，并在 SysTick_Handler()中断服务程序中加入代码，如图 8-26 所示。ADC_Flag 每隔 200ms 会置"1"，在 main()函数中对该标志位清零，再进行一次 AD 转换。

```
26    /* Private includes ------------------
27    /* USER CODE BEGIN Includes */
28    #include "lcd.h"
29    /* USER CODE END Includes */

93    /* USER CODE BEGIN 2 */
94    MXLCD_GPIO_Init();
95    LCD_GPIO_Init();
96    LCD_Disp_Init();
97    LCD_Clr_Screen(SCREEN_ALL ,0);
98
99    LCD_Disp_Strings(LCD_PAGE1, 10, (uint8_t*)"ADC DEMO      ", 15, BACK_REVERSE);
100   LCD_Disp_Strings(LCD_PAGE3, 10, (uint8_t*)"PA1-ADC chnl 1", 15, BACK_REVERSE);
101   /* USER CODE END 2 */
```

图 8-25　LCD 初始化及字符串显示

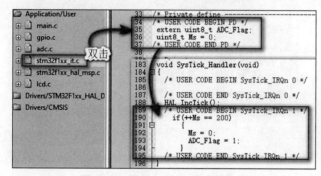

图 8-26　设置 200ms 的延时标志

main.c 文件中的变量定义、while(1) 循环体代码如图 8-27 所示,得到的数据扩大 1000 倍后,再取整,并求出千位及末 3 位。

```
31    /* Private typedef -------------
32    /* USER CODE BEGIN PTD */
33    uint8_t ADC_Flag;
34    /* USER CODE END PTD */

68    int main(void)
69    {
70        /* USER CODE BEGIN 1 */
71        float adc_temp;
72        char  string[30];   //存放ADC结果
73        int intq2, inth2;
74        /* USER CODE END 1 */
75

107       /* USER CODE BEGIN WHILE */
108       while (1)
109       {
110           if(ADC_Flag)
111           ADC_Flag = 0;
112           HAL_ADC_Start(&hadc1);
113           HAL_Delay(5);
114           adc_temp= 1000*HAL_ADC_GetValue(&hadc1)*3.30/0xfff;
115           intq2=(int)adc_temp/1000;
116           inth2=(int)adc_temp%1000;
117           sprintf((char *)string,"%s%d.%dv","ADC Value:",intq2,inth2);
118           LCD_Disp_Strings(LCD_PAGE6, 1, (uint8_t*)string,22, BACK_REVERSE);
119           }
120
121       /* USER CODE END WHILE */
```

图 8-27　ADC 转换的数据处理

用到 AD 转换的两个库函数,查找方法及注释如图 8-28 所示。

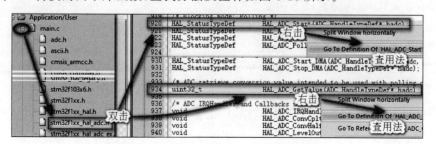

图 8-28　查找 ADC 相关函数的使用方法

经编译链接,将.hex文件加载到Proteus中观察现象,如图8-29所示。

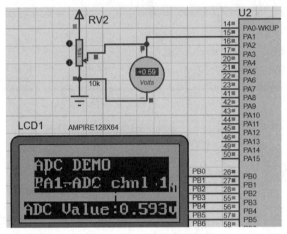

图 8-29　ADC仿真现象

单击可调电阻,可以看到显示电压跟着变化,如图8-30所示。由于仿真时间延迟,会出现显示与调整电位器不匹配情况,可以关闭Proteus,重新打开仿真。

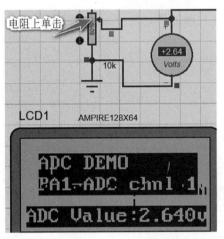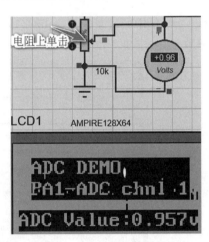

图 8-30　ADC仿真调节及现象

习　题　8

试修改8.3节例程,完成以下功能。

PA.9产生100Hz占空比可调的方波,电压及占空比对应关系如下: 0V→0％、3.3V→100％,其余占空比与电位器电压成正比。

开机时,LCD屏第1行显示"ADC VALUE: ＊v"(＊表示电位器电压,小数点后保留3位)。LCD屏第2行显示"The PWM is: ＊％"(＊表示占空比,保留到整数)。要求在调节电位器的过程中,示波器上能动态显示占空比不同的波形。

第9章

STM32 的 RTC

本章主要介绍 STM32 的 RTC(实时时钟),读者重点理解实时时钟的计时、整点报时功能的实现等。

9.1　STM32 RTC 简介

STM32 的 RTC 外设,实质是一个掉电后还继续运行的定时器。从定时器的角度来说,相对于通用定时器 TIM 外设,它十分简单,只有很纯粹的计时功能(当然,可以触发中断);但从掉电还继续运行的角度来说,它却是 STM32 中唯一具有如此强大功能的外设。所以 RTC 外设的复杂之处并不在于它的定时功能,而在于它掉电还继续运行的特性。

以上所说的掉电是指主电源 V_{DD} 断开的情况。为了 RTC 外设掉电继续运行,必须给 STM32 芯片通过 V_{BAT} 引脚接上锂电池。当主电源 V_{DD} 有效时,由 V_{DD} 给 RTC 外设供电。当 V_{DD} 掉电后,由 V_{BAT} 给 RTC 外设供电。但无论由什么电源供电,RTC 中的数据都保存在属于 RTC 的备份域中,若主电源 V_{DD} 和 V_{BAT} 都掉电,那么备份域中保存的所有数据将丢失。备份域除了 RTC 模块的寄存器,还有 42 个 16 位的寄存器可以在 V_{DD} 掉电的情况下保存用户程序的数据;系统复位或电源复位时,这些数据也不会被复位。

从 RTC 的定时器特性来说,它是一个 32 位的计数器,只能向上计数。它使用的时钟源有 3 种,分别为高速外部时钟的 128 分频:HSE/128;低速内部时钟(LSI);使用 HSE 分频时钟或 LSI 的话,在主电源 V_{DD} 掉电的情况下,这两个时钟来源都会受到影响,没法保证 RTC 正常工作。因此 RTC 一般使用低速外部时钟(LSE),频率为实时时钟模块中常用的 32.768kHz,这是因为 $32768=2^{15}$,分频容易实现,所以它被广泛应用到 RTC 模块。在主电源 V_{DD} 有效的情况下(待机),RTC 还可以配置闹钟事件使 STM32 退出待机模式。

RTC 结构框图如图 9-1 所示,浅灰色的部分都是属于备份域的,在 V_{DD} 掉电时可在 V_{BAT} 的驱动下继续运行。这部分仅包括 RTC 的分频器、计数器和闹钟控制器。若 V_{DD} 电源有效,RTC 可以触发 RTC_Second(秒中断)、RTC_Overflow(溢出事件)和 RTC_Alarm(闹钟中断)。从结构图可以分析到,其中的定时器溢出事件无法被配置为中断。若 STM32 原本处于待机状态,可由闹钟事件或 WKUP 事件(外部唤醒事件属于 EXTI 模块,不属于 RTC)使它退出待机模式。闹钟事件是在计数器 RTC_CNT 的值等于闹钟寄存器 RTC_ALR 的值时触发的。

由于 RTC 的寄存器是属于备份域,因此它的所有寄存器都是 16 位的。它的计数器 RTC_CNT 的 32 位由 RTC_CNTL 和 RTC_CNTH 两个寄存器组成,分别保存计数值的低 16 位和高 16 位。配置 RTC 模块的时钟时,把输入 32768Hz 的 RTCCLK 进行 32768 分频

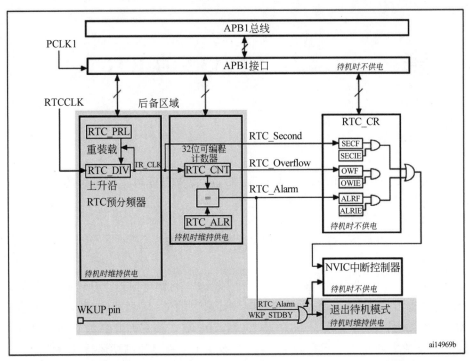

图 9-1 RTC 结构框图

得到实际驱动计数器的时钟 TR_CLK＝RTCCLK/32768＝1Hz,计时周期为 1s,计时器在 TR_CLK 的驱动下计数,即每秒计数器 RTC_CNT 的值加 1。

由于备份域的存在,使得 RTC 核具有了完全独立于 APB1 接口的特性,也因此对 RTC 寄存的访问要遵守一定的规则。系统复位后,禁止访问后备寄存器和 RTC,防止对后备区域(BKP)的意外写操作。执行以下操作使能对后备寄存器和 RTC 的访问。

(1) 设置 RCC_APB1ENR 寄存器的 PWREN 和 BKPEN 位来使能电源和后备接口时钟。

(2) 设置 PWR_CR 寄存器的 DBP 位,使能对后备寄存器和 RTC 的访问。

设置为可访问后,在第一次通过 APB1 接口访问 RTC 时,必须等待 APB1 与 RTC 外设同步,确保被读取出来的 RTC 寄存器值是正确的。若在同步之后,一直没有关闭 APB1 的 RTC 外设接口,就不需要再次同步了。

如果内核要对 RTC 寄存器进行任何的写操作,在内核发出写指令后,RTC 模块在 3 个 RTCCLK 时钟之后,才开始正式地写 RTC 寄存器操作。RTCCLK 的频率比内核主频低得多,所以必须要检查 RTC 关闭操作标志位 RTOFF。当这个标志被置 1 时,写操作才正式完成。

当然,以上的操作都具有库函数,读者不必具体地查阅寄存器。

9.2 STM32 的 RTC 固件库驱动实例及函数详解

9.2.1 RTC 驱动程序

在固件库的 Project\STM32F10x_StdPeriph_Examples\RTC\LSI_Calib 文件夹下,打开 main.c,如图 9-2 所示。

图 9-2 查看 main.c 实例文件

该配置函数被全部复制后,只需加一条语句即可。

```
/* Enable PWR and BKP clocks */
RCC_APB1PeriphClockCmd(RCC_APB1Periph_PWR | RCC_APB1Periph_BKP,ENABLE);
/* 使能 PWR 和 BKP 时钟 */
PWR_BackupAccessCmd(ENABLE);                    /* 允许访问 BKP,备份域 */
BKP_DeInit();                                  /* 对备份域进行软件复位 */
RCC_LSICmd(ENABLE);                            /* 使能低速内部时钟(LSI) */
while (RCC_GetFlagStatus(RCC_FLAG_LSIRDY) == RESET);    /* 等待 LSI 起振稳定 */
RCC_RTCCLKConfig(RCC_RTCCLKSource_LSI);   /* 选择 LSI 作为 RTC 外设的时钟 */
RCC_RTCCLKCmd(ENABLE);                         /* 使能 RTC 时钟 */
RTC_WaitForSynchro();                          /* 等待 RTC 寄存器与 APB1 同步 */
RTC_WaitForLastTask();                         /* 等待对 RTC 的写操作完成 */
RTC_ITConfig(RTC_IT_SEC,ENABLE);              /* 使能 RTC 秒中断 */
RTC_WaitForLastTask();                         /* 等待对 RTC 的写操作完成 */
RTC_SetPrescaler(40000);    /* RTC 周期=RTCCLK/RTC_PR=(40kHz)/(39999+1) */
/* 设置 RTC 时钟分频:使 RTC 定时周期为 1s,经测试不准,可以通过程序校准 */
RTC_WaitForLastTask();                         /* 等待对 RTC 的写操作完成 */
/************************该处增加一条语句************************/
RTC_SetCounter(HH * 3600+MM * 60+SS);   /* 设置 RTC 计数器总秒数,该处增加一条语句 */
RTC_WaitForLastTask();                /* 等待对 RTC 的写操作完成 */
```

查看增设语句的含义,如图 9-3 所示。

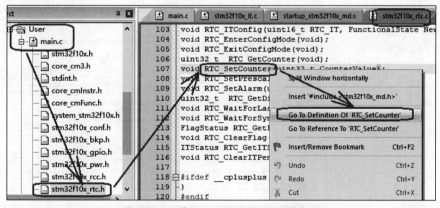

图 9-3 查看 RTC_SetCounter()的定义

然后进行中断配置,中断配置 void NVIC_Configuration(void)函数完全复制即可,如图 9-4 所示。中断服务程序基本上直接复制后,如图 9-5 所示,只需要修改少量代码,更改代码如下。

STM32 的 RTC

```
…
if(RTC_GetITStatus(RTC_IT_SEC) != RESET)
{   RTC_ClearITPendingBit(RTC_IT_SEC);          /* 清除秒中断标志 */
//STM_EVAL_LEDToggle(LED1);       //删除此行代码
    TimeDisplay = 1;                            /* 把标志位置 1 */
    RTC_WaitForLastTask();                      /* 等待写操作完成 */
    …   //根据需要添加其他代码
```

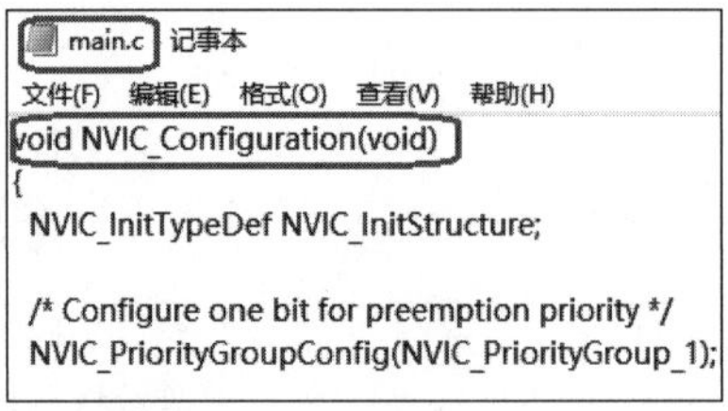

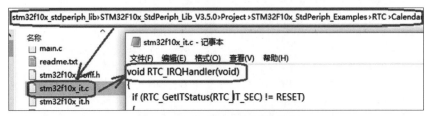

图 9-4　中断配置函数

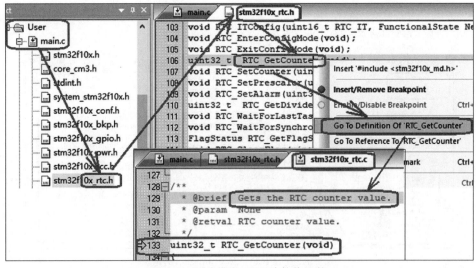

图 9-5　查看 RTC 中断服务程序

另外，在编程中会用到 RTC_GetCounter() 函数，如图 9-6 所示。进入 stm32f10x_rtc.c 文件后，查看该函数的解释：获取 RTC 计数值。

图 9-6　查看获取 RTC 计数值函数

9.2.2　JTAG 重映射

在固件库的 Project→STM32F10x_StdPeriph_Examples→\GPIO\JTAG_Remap 文件

夹下,打开 main.c 文件,如图 9-7 所示。其他相关代码如图 9-8 所示。

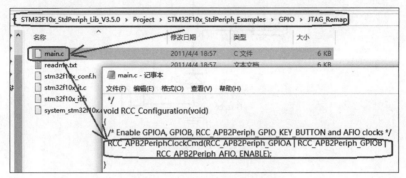

图 9-7 查看 JTAG 重映射文件

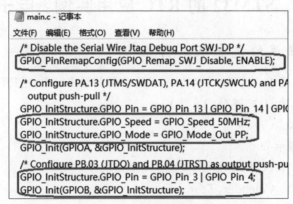

图 9-8 JTAG 重映射其他代码

```
RCC_APB2PeriphClockCmd(RCC_APB2Periph_GPIOA | RCC_APB2Periph_GPIOB | RCC_
APB2Periph_AFIO,ENABLE);    //开启复用功能时钟
GPIO_PinRemapConfig(GPIO_Remap_SWJ_Disable,ENABLE);
//将 SWJ 下载用的 I/O 口转换为普通 I/O 口,即关闭其下载功能
```

在实践中,SWJ 下载程序用得很广泛,若采用其他硬件平台慎用此功能,容易导致开发板不能下载.hex 文件。例如图 9-9 所示的电路图,需要配置 PB4 端口。

M PB10	8		N SD1	8
M PB11	9		N SD2	9
M PB12	10	SPI2_NSS	N SD3	10
M PB15	11	SPI2_MOSI	N SDCMD	11
M PB13	12	SPI2_CLK	N SDCLK	12
M PB6	13	I2C1_SCL	SCL	13
M PB7	14	I2C1_SDA	SDA	14
M PD2	15		N LE	15
M PB4	16		N Buz	16
M PA0	17		N K1	17
M PA8	18		N K2	18
M PB1	19		N K3	19
M PB2	20		N K4	20
M PB9	21		LCD CS#	21
M PB8	22		LCD RS	22
M PB5	23		LCD WR#	23

图 9-9 RTC 蜂鸣器电路图

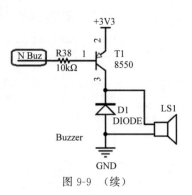

图 9-9 （续）

RTC 实
例视频

9.3　STM32 的 RTC 应用实例：电子钟

9.3.1　基于标准库的竞赛板上实现

电子钟实现功能要求：使用 STM32 内部低速振荡器 LSI 作为 RTC 时钟，实现时、分、秒显示以及整点报时功能（蜂鸣器响 5 声）。

LCD 屏显示要求：

① 屏幕初始化显示如下。

第 1 行：“　　　　RTC DEMO　　　　”。

第 3 行：“　　RTC_Calendar_Test　　”。

② 在 LCD 屏上继续显示时间。

第 7 行：“Time:**:**:**”(**表示时、分、秒)。

初始时间为：10:59:55。

（1）硬件连接原理图。本例程主要用到蜂鸣器的驱动，其他 LCD 屏显示跟前面章节中的一样，如图 9-9 所示。从图 9-9 中可以看出，STM32 的 PB4 引脚驱动蜂鸣器发声，但是 PB4 的默认功能为 JNTRST，用于下载程序，如图 9-10 所示，因此需要用到 GPIO 的重映射功能。大多数 GPIO 都有一个默认复用功能，有的 GPIO 还有重映射功能。重映射功能是指把原来属于 A 引脚的默认复用功能，转移到 B 引脚进行使用，前提是 B 引脚具有这个重映射功能。在其他的硬件实践中，建议不采用 PB4 重映射功能，否则容易导致.hex 文件无法加载到芯片。

（2）电子钟代码实现。

① main.c 文件。

```
/*************************************************************
 * 程序说明: CT117E 竞赛平台无外部低速晶振,使用内部低速振荡器 LSI 作为 RTC 时钟
 **************************************************************/
#include "stm32f10x.h"
#include "lcd.h"
#include "stdio.h"
#define HH 10      //时
#define MM 59      //分
```

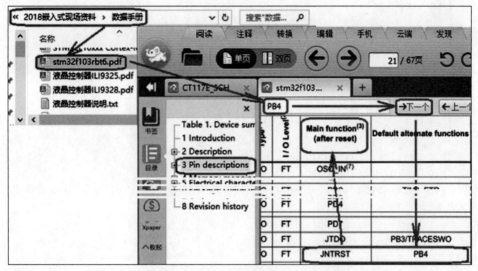

图 9-10　PB4 引脚功能

```c
#define SS 55        //秒
uint32_t TimingDelay = 0;
uint32_t TimeDisplay = 0;
void Delay_Ms(uint32_t nTime);
void RTC_Configuration(void);
void NVIC_Configuration(void);
void Time_Display(u32 TimeVar);
void GPIO_Configuration(void);
int main(void)
{   int i;
    SysTick_Config(SystemCoreClock/1000);               //每隔 1ms 中断一次
    STM3210B_LCD_Init();
    LCD_Clear(White);
    LCD_SetTextColor(White);
    LCD_SetBackColor(Blue);
    LCD_ClearLine(Line0);
    LCD_ClearLine(Line1);
    LCD_ClearLine(Line2);
    LCD_ClearLine(Line3);
    LCD_ClearLine(Line4);
    LCD_DisplayStringLine(Line1,"       RTC DEMO        ");
    LCD_DisplayStringLine(Line3," RTC_Calendar_Test   ");
    RCC_APB2PeriphClockCmd(RCC_APB2Periph_GPIOB|RCC_APB2Periph_AFIO,ENABLE);
    GPIO_PinRemapConfig(GPIO_Remap_SWJ_Disable,ENABLE);
    GPIO_Configuration();
    LCD_SetTextColor(Blue);
    LCD_SetBackColor(White);
    RTC_Configuration();
    NVIC_Configuration();
    while(1)
```

```
        { if(TimeDisplay == 1)
            {    Time_Display(RTC_GetCounter());
                TimeDisplay = 0;                      //清除标志位
            }
        }
}
void GPIO_Configuration(void)                //Buzzer
{    GPIO_InitTypeDef GPIO_InitStructure;
    GPIO_InitStructure.GPIO_Pin = GPIO_Pin_4;
    GPIO_InitStructure.GPIO_Speed = GPIO_Speed_50MHz;
    GPIO_InitStructure.GPIO_Mode = GPIO_Mode_Out_PP;
    GPIO_Init(GPIOB,&GPIO_InitStructure);   //更改 JTAG 引脚状态，PB4 蜂鸣器输出
}
void RTC_Configuration(void)
{ RCC_APB1PeriphClockCmd(RCC_APB1Periph_PWR | RCC_APB1Periph_BKP,ENABLE);
                                            /* 使能 PWR 和 BKP 时钟 */
  PWR_BackupAccessCmd(ENABLE);              /* 允许访问 BKP，备份域 */
  BKP_DeInit();                            /* 对备份域进行软件复位 */
  RCC_LSICmd(ENABLE);                      /* 使能低速内部时钟(LSI) */
  while(RCC_GetFlagStatus(RCC_FLAG_LSIRDY) == RESET);      /* 等待 LSI 起振稳定 */
  RCC_RTCCLKConfig(RCC_RTCCLKSource_LSI);  /* 选择 LSI 作为 RTC 外设的时钟 */
  RCC_RTCCLKCmd(ENABLE);                   /* 使能 RTC 时钟 */
  RTC_WaitForSynchro();                    /* 等待 RTC 寄存器与 APB1 同步 */
  RTC_WaitForLastTask();                   /* 等待对 RTC 的写操作完成 */
  RTC_ITConfig(RTC_IT_SEC,ENABLE);         /* 使能 RTC 秒中断 */
  RTC_WaitForLastTask();                   /* 等待对 RTC 的写操作完成 */
  RTC_SetPrescaler(39999);      /* RTC 周期=RTCCLK/RTC_PR=(40kHz)/(39999+1) */
  /* 设置 RTC 时钟分频：使 RTC 定时周期为 1s，经测试不准，可以通过程序校准 */
  RTC_WaitForLastTask();                   /* 等待对 RTC 的写操作完成 */
  RTC_SetCounter(HH * 3600+MM * 60+SS);    /* 设置 RTC 计数器总秒数 */
  RTC_WaitForLastTask();                   /* 等待对 RTC 的写操作完成 */
}
uint8_t text[20];
void Time_Display(u32 TimeVar)
{    u32 THH = 0, TMM = 0, TSS = 0;
    THH = TimeVar / 3600;                 /* Compute   hours */
    TMM =(TimeVar %3600)/60;              /* Compute minutes */
    TSS =(TimeVar %3600)%60;              /* Compute seconds */
    sprintf(text,"Time: %0.2d:%0.2d:%0.2d",THH,TMM,TSS);
    LCD_DisplayStringLine(Line7,text);
}
void NVIC_Configuration(void)
{    NVIC_InitTypeDef NVIC_InitStructure;
    NVIC_PriorityGroupConfig(NVIC_PriorityGroup_2);//中断分组
    /* Enable the RTC Interrupt */
    NVIC_InitStructure.NVIC_IRQChannel = RTC_IRQn;
    NVIC_InitStructure.NVIC_IRQChannelPreemptionPriority = 1;
    NVIC_InitStructure.NVIC_IRQChannelSubPriority = 0;
    NVIC_InitStructure.NVIC_IRQChannelCmd = ENABLE;
```

```
    NVIC_Init(&NVIC_InitStructure);
}
void Delay_Ms(uint32_t nTime)
{   TimingDelay = nTime;
    while(TimingDelay != 0);
}
```

② RTC 中断服务程序。

```
//全局变量、外部变量定义
extern uint32_t TimingDelay;
extern uint32_t TimeDisplay;
//中断服务程序
void RTC_IRQHandler(void)
{   if (RTC_GetITStatus(RTC_IT_SEC) != RESET)
    {   RTC_ClearITPendingBit(RTC_IT_SEC);            /* 清除秒中断标志 */
        TimeDisplay = 1;                              //时间更新标志置位
        /* Wait until last write operation on RTC registers has finished */
        RTC_WaitForLastTask();                        /* 等待写操作完成 */
        /* 23:59:59 */
        if (RTC_GetCounter() == 0x00015180)           //60*60*24=86400d=0x15180H
        {   RTC_SetCounter(0x0);                       //计时一天清零
            RTC_WaitForLastTask();
        }
//整点报时: 整点后第 0、2、4、6、8 秒蜂鸣器响, 第 1、3、5、7、9 秒关掉蜂鸣器
        if((RTC_GetCounter()%3600==0)|(RTC_GetCounter()%3600==2)|(RTC_
        GetCounter()%3600==4)|(RTC_GetCounter()%3600==6)|(RTC_GetCounter()
        %3600==8))
        GPIO_ResetBits(GPIOB,GPIO_Pin_4);
        if((RTC_GetCounter()%3600==1)|(RTC_GetCounter()%3600==3)|(RTC_
        GetCounter()%3600==5)|(RTC_GetCounter()%3600==7)|(RTC_GetCounter()
        %3600==9))
        GPIO_SetBits(GPIOB,GPIO_Pin_4);
    }
}
```

（3）程序调试。

① 文件加载。加载相关文件到工程中, 片内外设固件库驱
动文件（.c 文件）如图 9-11 所示。工程中除了加载常规的
stm32f10x_rtc.c、misc.c 等文件之外, 还需要加载 stm32f10x_
pwr.c（电源）和 stm32f10x_bkp.c（后备电源）文件。

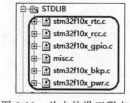

② 在 Keil 中查看时钟。打开 Keil 仿真, 查看 RTC 的时   图 9-11　片内外设工程文件
钟, 设置如图 9-12 所示。进入仿真后查看 RTC 时钟, 如图 9-13
所示, 频率为 32.768kHz, 跟 RTC_Configuration(void) 中的配置一致: RTC_SetPrescaler
(32767)。

（4）仿真及现象。调试程序前, 需将 PB4-Buzzer 跳线（红色）取下, 待程序调试结束后,
再接好跳线。PB4 引脚上电默认为 JTAG-RST 引脚。

注意：下载本程序后, 将 JTAG 引脚重映射普通 I/O 功能, 下载功能可能失效。

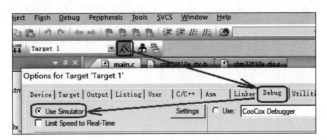

图 9-12　在 Keil 中仿真设置

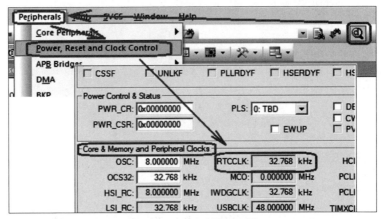

图 9-13　RTC 时钟的查看

恢复的方法是：

① 长按开发板上的 Reset 键；

②单击 RealView MDK 软件上的 Download 按钮；

③此时,松开开发板上的 Reset 键,自动完成程序下载。

下载功能恢复后,以后再下载代码则不需要此过程。运行界面如图 9-14 所示,从 10:59:55开始运行,运行到 11:00:00 会听到蜂鸣器响 5 声,然后继续运行。但运行的时间比标准时间快,需要校准,校准方法可以在百度上搜一下相关资料。

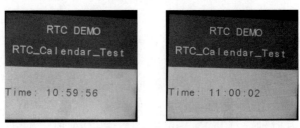

图 9-14　开发板的 RTC 现象

9.3.2　基于 CubeMX 的 Proteus 仿真实现

使用 STM32 内部低速振荡器 LSI 作为 RTC 时钟,实现时、分、秒显示以及整点报时功能(蜂鸣器响 5 声)。

LCD 屏显示要求：

① 屏幕初始化显示如下。

第1行："　　　RTC DEMO　　　　"。

第3行："　RTC_Calendar_Test　"。

② 在 LCD 屏上继续显示时间。

第7行："Time:**:**:**"(**表示时、分、秒)。

初始时间为：10:59:55。

(1) CubeMX 配置。本例程配置时,LCD 屏只需要加载驱动文件即可。与液晶显示的例程类似,除了时钟源和 RTC 时钟配置外,其他配置具体操作可以参考 LED 灯例程。配置过程如下。

① 启动 SMT32 CubeMX 软件,新建工程。

② 根据原理图中的处理器,选择型号为 STM32F103R6 的处理器。

③ 配置时钟源及端口：选择内部低速时钟,不需要配置 RCC。

根据原理图,蜂鸣器端口 PA3 设置为 GPIO_Output,初值设置为 High,如图 9-15 所示。

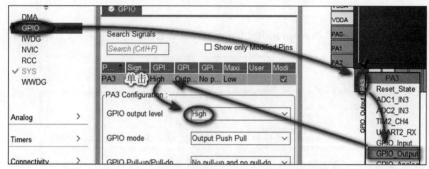

图 9-15　蜂鸣器端口配置

配置 RTC 参数如图 9-16 所示,主要配置初始值及允许中断。

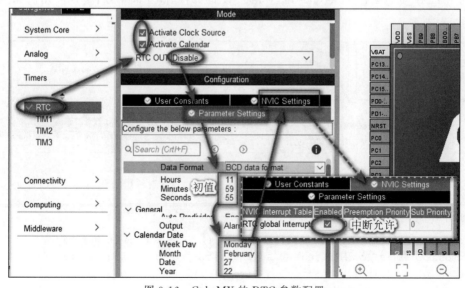

图 9-16　CubeMX 的 RTC 参数配置

STM32 的 RTC

④ 配置 STM32 的时钟树,选择内部低速时钟驱动 RTC,如图 9-17 所示。

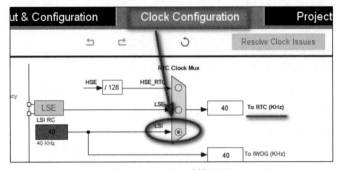

图 9-17　RTC 时钟配置

⑤设置工程输出配置参数,生成代码,注意工程名称,并打开工程,进入工程后打开 main()函数所在文件夹。

(2) 工程移植。找到 LCD 的 3 个驱动文件 lcd.c、lcd.h 和 ascii.h,复制到相关文件夹,并将.c 文件加载到工程中。

(3) 应用程序编程。

① 在 main.c 文件中添加 #include "lcd.h"语句及 LCD 初始化函数,如图 9-18 所示。

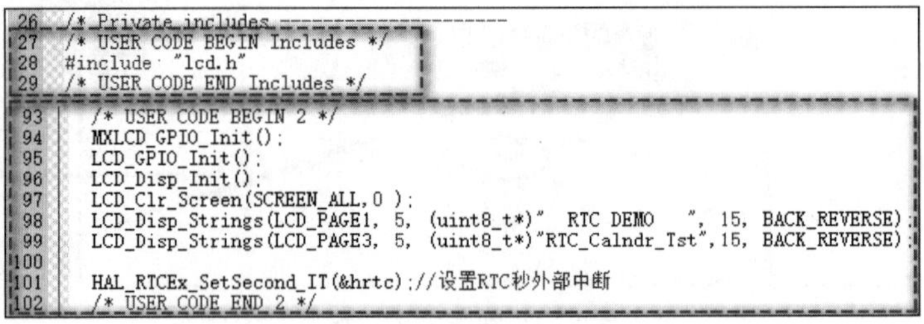

```
26   /* Private includes -------------------
27   /* USER CODE BEGIN Includes */
28   #include "lcd.h"
29   /* USER CODE END Includes */
93       /* USER CODE BEGIN 2 */
94       MXLCD_GPIO_Init();
95       LCD_GPIO_Init();
96       LCD_Disp_Init();
97       LCD_Clr_Screen(SCREEN_ALL,0 );
98       LCD_Disp_Strings(LCD_PAGE1, 5, (uint8_t*)"  RTC DEMO   ", 15, BACK_REVERSE);
99       LCD_Disp_Strings(LCD_PAGE3, 5, (uint8_t*)"RTC_Calndr_Tst",15, BACK_REVERSE);
100
101      HAL_RTCEx_SetSecond_IT(&hrtc);//设置RTC秒外部中断
102      /* USER CODE END 2 */
```

图 9-18　LCD 初始化代码

利用 HAL_RTCEx_SetSecond_IT(&hrtc)设置 RTC 秒外部中断,查找其用法如图 9-19 所示。

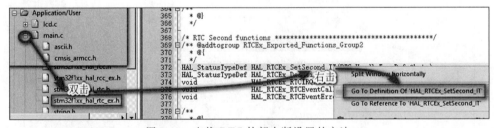

图 9-19　查找 RTC 外部中断设置的方法

② RTC 中断服务程序编写,如图 9-20 所示。

每隔 1s 蜂鸣器响一次,代码如下。

```
if((sTime.Minutes==0&&sTime.Seconds==0)|(sTime.Minutes==0&&sTime.
Seconds==2)|(sTime.Minutes==0&&sTime.Seconds==4)|(sTime.Minutes==0&&sTime.
Seconds==6)|(sTime.Minutes==0&&sTime.Seconds==8))
    HAL_GPIO_WritePin(GPIOA,GPIO_PIN_3,GPIO_PIN_RESET);
```

图 9-20　RTC 中断服务程序的编写

```
if((sTime.Minutes==0&&sTime.Seconds==1)|(sTime.Minutes==0&&sTime.
Seconds==3)|(sTime.Minutes==0&&sTime.Seconds==5)|(sTime.Minutes==0&&sTime.
Seconds==7)|(sTime.Minutes==0&&sTime.Seconds==9))
    HAL_GPIO_WritePin(GPIOA,GPIO_PIN_3,GPIO_PIN_SET);
```

RTC 获取时间函数的方法如图 9-21 所示。经编译链接，将.hex 文件加载到 Proteus 中。

图 9-21　RTC 获取时间函数的方法

将 Proteus 中 STM32 晶振频率设置为 72MHz，如图 9-22 所示，观察现象。

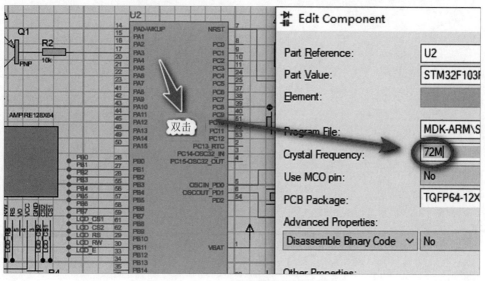

图 9-22　Proteus 仿真中配置晶振频率

STM32 的 RTC

观察运行情况,如图 9-23 所示。过了整点,偶数秒时注意 R2 右边电平状态,能听到蜂鸣器响声。由于仿真延时较长,用户需要耐心等待。

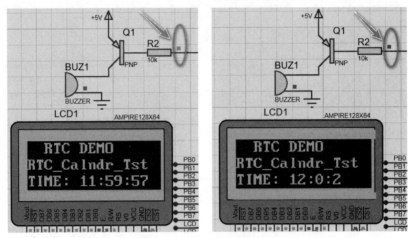

图 9-23　Proteus 仿真现象

习　题　9

试修改 9.3 节例程,实现电子表的制作。

开机时,LCD 屏第 1 行显示"2021-02-28：Sun"(表示 2021 年 2 月 28 日星期日)。

LCD 屏第 2 行显示"TIME　23:59:57"(表示时间　23:59:57)。

实现整点报时(蜂鸣器响 3 次即可)功能。

当时间到达 23:59:59 再加 1 后,日期及星期均加 1。要求日期加 1 的变化规律跟实际日常生活的日历一致。

第 10 章　STM32 外部存储器

外部存储器属于外设,本章主要介绍通过 IIC 总线对 EEPROM 进行读写操作,读者重点理解外部存储器的功能及应用、IIC 通信的时序、IIC 驱动的端口配置等,能够根据时序进行编程,注意该存储器实例在 Proteus 仿真中的区别。

10.1　IIC 基本原理

10.1.1　IIC 简介

IIC 总线是 Philips 公司开发的两线式串行总线,是一种集成电路芯片间的总线。它有 3 种模式:标准模式(standard-mode,S-mode,最高传输速率 100kbit/s)、快速模式(fast-mode,F-mode,最高传输速率可达 400kbit/s)和高速模式(high-speed mode,HS-mode,最高传输速率可达 3.4Mbit/s)。IIC 总线只有两条总线线路:串行数据线(serial data,SDA)和串行时钟线(serial clock,SCL)。挂接在总线上的器件都通过 SDA 和 SCL 传输信息,减少了印制电路板上的走线,提高了系统的可靠性。

标准模式与快速模式的 IIC 总线器件连接图如图 10-1 所示,IIC 连线只有两根线,均接上拉电阻,其他 IIC 器件只需要挂接在这两根线上即可。

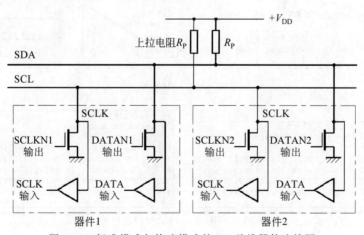

图 10-1　标准模式与快速模式的 IIC 总线器件连接图

10.1.2 IIC 总线的数据传输

打开 AT24C02.pdf 文件（这个文件很重要，后面会多次用到，注意该文件所在文件夹的位置），如图 10-2 所示，首先查看启止信号时序图。相关程序代码可以在现场资料或工程中找到，如图 10-3 所示。具体代码如图 10-4 所示，该代码与图 10-2 的时序图对应。SCL 在高电平期间，SDA 下降沿表示启动（START），上升沿表示停止（STOP）。

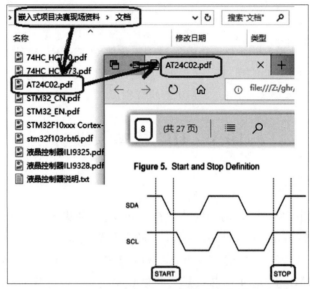

图 10-2　AT24C02 启止信号时序图

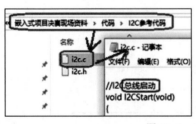

图 10-3　查找 IIC 启动信号程序

```
75    //I2C总线启动
76    void I2CStart(void)
77  □{
78        SDA_Output(1);delay1(500);
79        SCL_Output(1);delay1(500);
80        SDA_Output(0);delay1(500);
81        SCL_Output(0);delay1(500);
82    }
```

```
84    //I2C总线停止
85    void I2CStop(void)
86  □{
87        SCL_Output(0); delay1(500);
88        SDA_Output(0); delay1(500);
89        SCL_Output(1); delay1(500);
90        SDA_Output(1); delay1(500);
91
92    }
```

图 10-4　IIC 总线启动和停止代码

继续查看 IIC 应答信号的时序图及代码，如图 10-5 所示。SCL 线在第 9 个时钟的时候，DATA 线处于低电平，表示应答。

最后查看 IIC 数据有效性，如图 10-6 所示。SCL 在低电平期间，DATA 数据可以改变；

SCL 在高电平期间，DATA 数据不能变，否则，就变成了图 10-2 所示的启停功能。

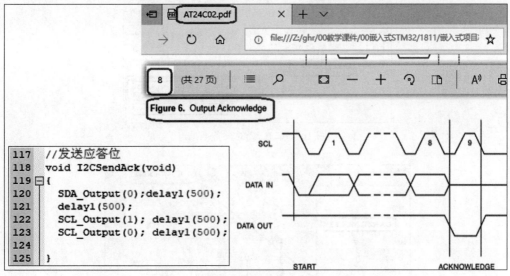

图 10-5　IIC 应答信号的时序图及代码

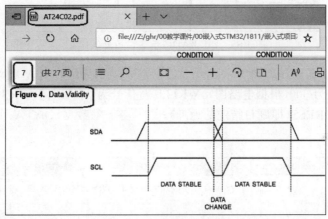

图 10-6　IIC 数据有效性

10.1.3　EEPROM 数据传输

（1）EEPROM 地址的确定。EEPROM 相当于自己的宿舍，用户可以从宿舍中取出数据（读），也可以把数据存放到宿舍（写），读写之前必须先找到宿舍号（地址）。每块 EEPROM 芯片（24C02：02 表示 2KB 容量，类似于一栋楼能住多少人）相当于一栋宿舍楼，寻找宿舍地址时，先找楼栋号，再找楼栋内的宿舍号。打开 AT24C02.pdf 文件，找到 Device Address（相当于宿舍的楼栋号），如图 10-7 所示。从图 10-7 中可以知道楼栋号为 1010 $A_2 A_1 A_0$，其中，前四位必须为 1010，后三位 $A_2 A_1 A_0$ 根据芯片硬件电路图决定，如图 10-8 所示。图 10-8 中 E2E1E0 对应 $A_2 A_1 A_0$ 接地线，故为 000。因此，根据电路图，24C02MN6 这个楼栋地址为 1010000。

（2）EEPROM 的读写。R/W 表示 read/write，即读/写（1/0）。

EEPROM
读写

175

第10章

STM32 外部存储器

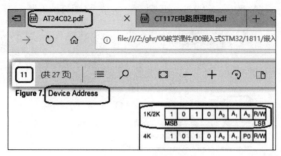

图 10-7　24C02 的设备地址

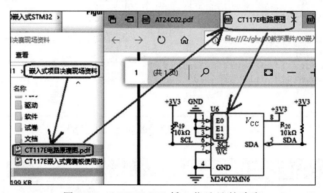

图 10-8　24C02MN6 低 3 位地址的确定

EEPROM 写：写时序如图 10-9 所示。①启动；②写 DEVICE ADDRESS 即楼栋号前四位 1010，后三位为 000（根据电路图），WRITE 写信号为 0；③应答，ACK；④楼栋内的宿舍号 WORD ADDRESS（即题目指定的地址）；⑤应答；⑥数据，DATA；⑦应答；⑧停止。程序如下：

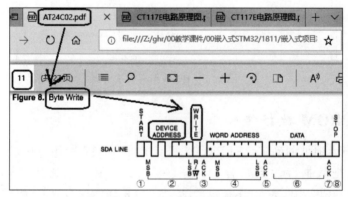

图 10-9　EEPROM 写时序

```
void x24c02_write(unsigned char address,unsigned char info)
{   IICstart();                    //①
    IICSendByte(0xa0);             //②1010 0000 楼栋号为 1010 000,写用 0 表示
    IICWaitAck();                  //③
    IICSendByte(address);          //④楼栋内的宿舍号,根据题目要求写宿舍地址
    IICWaitAck();                  //⑤
```

```
        IICSendByte(info);              //⑥要写入的数据
        IICWaitAck();                   //⑦
        IICStop();                      //⑧
}
```

EEPROM 读：读时序如图 10-10 所示。①启动；②写芯片（楼栋号）地址（同上"读"）；③应答；④发送楼栋内的宿舍号；⑤应答；⑥重新启动；⑦读芯片（楼栋号）地址；⑧应答；⑨读数据；⑩等待应答（无应答就为高电平）；⑪停止。程序段如下：

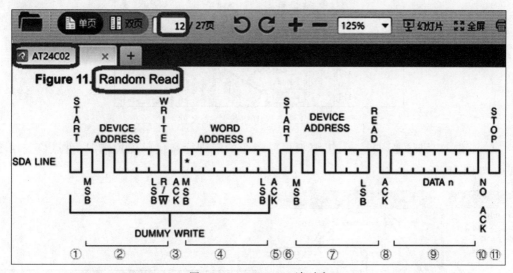

图 10-10　EEPROM 读时序

```
uint8_t x24c02_read(uint8_t address)
{   unsigned char val;
    IICStart();                     //①
    IICSendByte(0xa0);              //②
    IICWaitAck();                   //③
    IICSendByte(address);           //④
    IICWaitAck();                   //⑤
    IICStart();                     //⑥
    IICSendByte(0xa1);              //⑦
    IICWaitAck();                   //⑧
    val = IICReceiveByte();         //⑨
    IICWaitAck();                   //⑩
    IICStop();                      //⑪
    return(val);
}
```

10.2　EEPROM 驱动实例及函数详解

10.2.1　EEPROM 驱动程序

驱动程序由现场资料提供，不需要自己写，但需要把 i2c.c 文件加载到工程中，如图 10-11

所示。若遇到 EEPROM 读写程序出错,那么需要检查 i2c.c 文件的改动情况,重点检查以下 3 点。

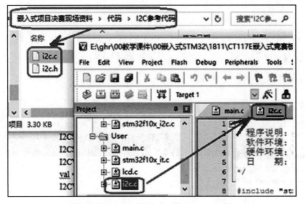

图 10-11　工程中加载 i2c.c 文件

　　(1)端口引脚号必须检查。需要根据原理图的引脚检查代码配置情况,重点检查两个地方,如图 10-12 所示。

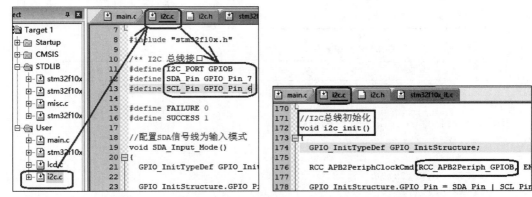

图 10-12　引脚对应的驱动代码

　　(2)端口初始化时注意配置。采用 I/O 口模拟 IIC,让引脚根据时序产生高低电平,初始化时,SDA 和 SCL 设置为推挽输出,如图 10-13 所示。

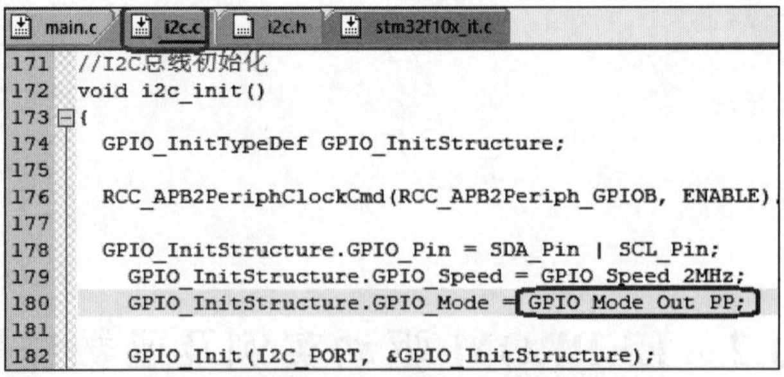

```
171   //I2C总线初始化
172   void i2c_init()
173 □{
174     GPIO_InitTypeDef GPIO_InitStructure;
175
176     RCC_APB2PeriphClockCmd(RCC_APB2Periph_GPIOB, ENABLE);
177
178     GPIO_InitStructure.GPIO_Pin = SDA_Pin | SCL_Pin;
179       GPIO_InitStructure.GPIO_Speed = GPIO_Speed_2MHz;
180       GPIO_InitStructure.GPIO_Mode = GPIO_Mode_Out_PP;
181
182     GPIO_Init(I2C_PORT, &GPIO_InitStructure);
```

图 10-13　初始化端口配置

SDA 信号输出时,也设置为推挽输出,如图 10-14 所示。
SDA 信号线输入设置采用 GPIO_Mode_IPD(下拉输入),需要注意该引脚初始电平为低电平,如图 10-15 所示。初始化配置为低电平后,跟等待应答信号的时序及代码一致,如图 10-16 所示。从图 10-16 中的☆处可以看出 DATA 线必须为低电平,在下拉(低电平)期间 SCL 变成高电平才会应答。执行完 SDA_Input_Mode()之后,DATA OUT 变成低电平,延时后再执行 SCL_Output(1),让 SCL 信号线置 1,才会应答。

```
main.c    i2c.c    i2c.h    stm32f10x_it.c
29
30   //配置SDA信号线为输出模式
31   void SDA_Output_Mode()
32   {
33     GPIO_InitTypeDef GPIO_InitStructure;
34
35     GPIO_InitStructure.GPIO_Pin = SDA_Pin;
36     GPIO_InitStructure.GPIO_Speed = GPIO_Speed_2MHz;
37     GPIO_InitStructure.GPIO_Mode = GPIO_Mode_Out_PP;
38
```

图 10-14   SDA 信号输出模式配置

```
main.c    i2c.c    i2c.h    stm32f10x_it.c
18   //配置SDA信号线为输入模式
19   void SDA_Input_Mode()
20   {
21     GPIO_InitTypeDef GPIO_InitStructure;
22
23     GPIO_InitStructure.GPIO_Pin = SDA_Pin;
24     GPIO_InitStructure.GPIO_Speed = GPIO_Speed_2MHz;
25     GPIO_InitStructure.GPIO_Mode = GPIO_Mode_IPD;
26
```

图 10-15   SDA 信号输入模式配置

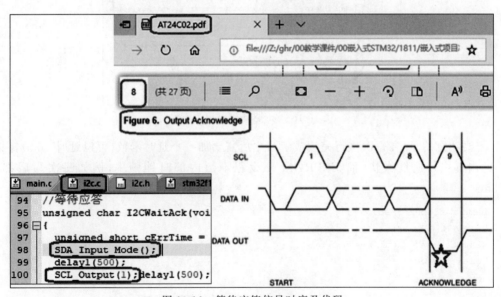

图 10-16   等待应答信号时序及代码

该数据位配置必须为下拉输入(经实验验证其他输入模式均不行,"应答"是原因之一)。

(3)延时时间。在蓝桥杯单片机竞赛中,现场提供的驱动代码中延时语句 for(i=0;i< n;++i);被删除,如图 10-17 所示,竞赛时,很多同学在此处丢分,痛失国赛资格。另外,delay1()的延时参数均为 500。

STM32 外部存储器

图 10-17　i2c.c 的延时

10.2.2　EEPROM 相关函数及注意事项

需要用到的其他函数可以直接在 i2c.h 文件中查找，如图 10-18 所示。所有函数命名都遵循见名知意原则，需要根据时序图编程。

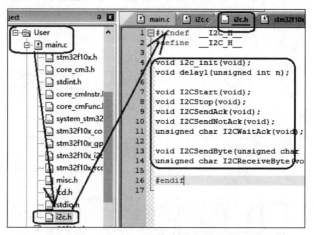

图 10-18　i2c 驱动代码相关函数

需要注意的是，在每次执行完读或者写之后需要加一个延时函数（可以延时 2ms），因为 MCU 内部执行速度太快，而 EEPROM 外设跟不上内部时钟频率，例如每次写后都延时 2ms。

```
temp = x24c02_read(0xff);
Delay_Ms(2);
x24c02_write(0xff,++temp);
Delay_Ms(2);
```

10.3　EEPROM 使用实例

10.3.1　基于标准库的竞赛板上实现

实现功能：从 EEPROM 的 0xff 地址读出数据 dat，++dat 后重新写回 0xff 地址，通过 LCD 屏显示 0xff 地址存储单元的数据，每次复位后，数值加 1。

（1）屏幕初始化显示如下。

第 1 行：" 　　　IIC DEMO 　　　　"。

第 3 行：" 　　AT24C02　R/W 　　　"。

（2）在 LCD 屏上继续显示当前数据值。

第 6 行："ADDR：0xff，VAL：*"（*表示 dat 的当前值）。

1. EEPROM 硬件连接原理

EEPROM 硬件连接电路图如图 10-19 所示。从图 10-19 中可以看出，IIC 的 SCL 连到
STM32 处理器的 PB6，IIC 的 SDA 连到 STM32 处理器的 PB7，编程时需要对这两个引脚
进行配置。需要注意的是，SCL 和 SDA 的定义必须参考电路图，竞赛现场可能会更改引脚
号，注意查看电路图。

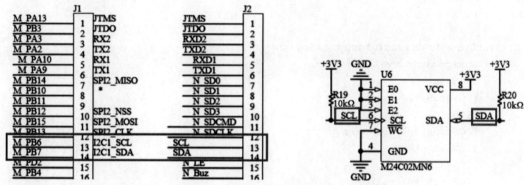

图 10-19　EEPROM 硬件连接电路图

2. EEPROM 代码实现

main.c 文件如下。

```
#include "stm32f10x.h"
#include "lcd.h"
#include "stdio.h"
#include "i2c.h"
uint32_t TimingDelay = 0;
void Delay_Ms(uint32_t nTime);
uint8_t x24c02_read(uint8_t address);
void x24c02_write(uint8_t address,uint8_t info);
int main(void)
{   uint8_t temp;
    uint8_t string[20];
    SysTick_Config(SystemCoreClock/1000);   //每隔 1ms 中断一次
    STM3210B_LCD_Init();
    LCD_Clear(White);
    LCD_SetTextColor(White);
    LCD_SetBackColor(Blue);
    LCD_ClearLine(Line0);
    LCD_ClearLine(Line1);
    LCD_ClearLine(Line2);
    LCD_ClearLine(Line3);
```

```
        LCD_ClearLine(Line4);
        LCD_DisplayStringLine(Line1,"      IIC DEMO        ");
        LCD_DisplayStringLine(Line3,"      AT24C02 R/W     ");
        LCD_SetTextColor(Blue);
        LCD_SetBackColor(White);
        i2c_init();
        temp = x24c02_read(0xff);
        Delay_Ms(2);
        x24c02_write(0xff,++temp);
        Delay_Ms(2);
        sprintf(string,"%s%d","ADDR:0xff,VAL:",temp);
        LCD_DisplayStringLine(Line6,string);
        while(1){
        }
    }
    uint8_t x24c02_read(uint8_t address)
    {   unsigned char val;
        IICStart();
        IICSendByte(0xa0);
        IICWaitAck();
        IICSendByte(address);
        IICWaitAck();
        IICStart();
        IICSendByte(0xa1);
        IICWaitAck();
        val = IICReceiveByte();
        IICWaitAck();
        IICStop();
        return(val);
    }
    void x24c02_write(unsigned char address,unsigned char info)
    {   IICStart();
        IICSendByte(0xa0);
        IICWaitAck();
        IICSendByte(address);
        IICWaitAck();
        IICSendByte(info);
        IICWaitAck();
        IICStop();
    }
    void Delay_Ms(uint32_t nTime)
    {   TimingDelay = nTime;
        while(TimingDelay != 0);
    }
```

3. 文件加载

需要加载的.c 库函数文件及用户的.c 文件(i2c.c 文件现场会提供)如图 10-20 所示,i2c 相关中层库文件如图 10-21 所示。

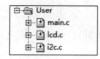

图 10-20　片内外设.c 及中层库文件的加载

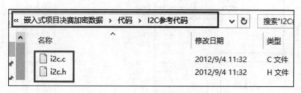

图 10-21　i2c 中层库文件

4. 开发板现象

下载程序至开发板,观察现象如图 10-22 所示。"VAL:34"为 EEPROM 中的值,按一次 Reset 键(即重启),再次观察现象,VAL 值变成 35,即实现了开机次数加 1。EEPROM 中一直保留开机次数,即使把开发板拆了,把 24C02 芯片取下放到别的电路中,只要能读出 0xff 中的数据,那么还将是 35,实现掉电后仍然能永久保存用户数据的功能。EEPROM 通常用来保存计算机中的日期时间、保存用户的密码等,应用非常广泛。

图 10-22　检测开机次数现象

10.3.2　基于 CubeMX 的 Proteus 仿真实现

从 EEPROM 的 0xff 地址读出数据 dat,++dat 后重新写回 0xff 地址,通过 LCD 屏显示 0xff 地址存储的数据,每次复位后,数值加 1。

由于仿真复位电路不起作用,改为按键中断,每按一次按键,从 EEPROM 的 0xff 地址读出数据 dat,++dat 后重新写回 0xff 地址,通过 LCD 屏显示 0xff 地址存储的数据,每按一次按键后,数值加 1。

(1) 屏幕初始化显示如下。

第 1 行:"　　　IIC DEMO　　　　"。

第 2 行:"　　AT24C02　R/W　　　"。

(2) 在 LCD 屏上继续显示当前数据值。

第 3 行:"ADDR:0xFF,VAL:*"　(*表示 dat 的当前值)。

1. 仿真原理

基于 Proteus 的 IIC 仿真原理图如图 10-23 所示，该原理图的 PB6、PB7 两个引脚既用作 IIC 通信，又用于 LCD 屏显示，在编程中每次使用前都进行一次初始化即可。

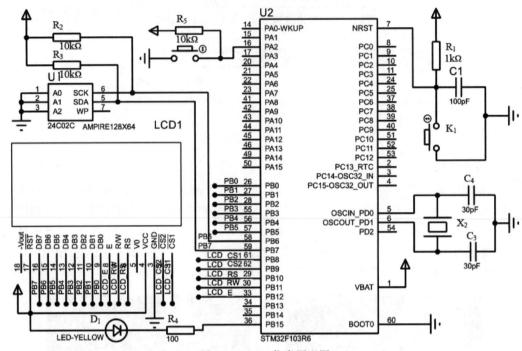

图 10-23　IIC 仿真原理图

2. CubeMX 配置

本例程配置时，LCD 屏和 IIC 只需要加载驱动文件即可。跟液晶显示例程类似，PA2 配置可以参考外部中断例程，其他配置具体操作可以参考 LED 灯例程。配置过程如下。

① 启动 SMT32 CubeMX 软件，新建工程。

② 根据原理图中的处理器，选择型号为 STM32F103R6 的处理器。

③ 配置时钟源及端口：选择外部晶振作为高速时钟。

根据原理图将 PA2 配置成外部中断模式，如图 10-24 所示。

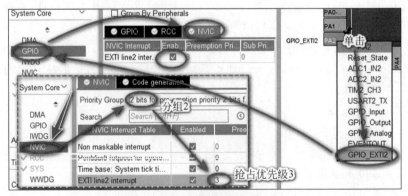

图 10-24　CubeMX 的中断配置

④ 配置 STM32 的时钟树。

⑤设置工程输出配置参数，生成代码，注意工程名称，并打开工程，进入工程后打开 main()函数所在文件夹。

3. 工程移植

找到 LCD 的 5 个驱动文件 II2c.c、II2c.h、lcd.c、lcd.h 和 ascii.h，复制到相关文件夹，并将.c 文件加载到工程中。

4. 应用程序编程

① 在 main.c 文件中添加头文件的包含语句及 LCD 初始化函数，如图 10-25 所示。

ject: STM32IIC
STM32IIC
Application/MDK-ARM
Application
双击
main.c
gpio.c
stm32f1xx_it.c
stm32f1xx_hal_ms
lcd.c
II2c.c
Drivers/STM32F1xx_H
Drivers/CMSIS
/* Private includes
/* USER CODE BEGIN Includes */
#include "lcd.h"
#include "II2c.h"
/* USER CODE END Includes */
/* USER CODE BEGIN 2 */
MXLCD_GPIO_Init();
LCD_GPIO_Init();
LCD_Disp_Init();
LCD_Clr_Screen(SCREEN_ALL,0);
LCD_Disp_Strings(LCD_PAGE0, 15, (uint8_t*)" I2C DEMO ", 15, BACK_REVERSE);
LCD_Disp_Strings(LCD_PAGE2, 15, (uint8_t*)"AT24C02 R/W", 15, BACK_REVERSE);
i2c_init();
x24c02_write(0xff, count);//先写入
HAL_Delay(2);
/* USER CODE END 2 */
IIC初始化并写入

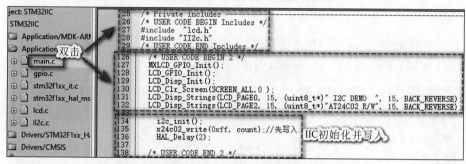

图 10-25　LCD 初始化及 IIC 初始化

main()函数中对 EEPROM 的读写函数的定义如图 10-26 所示。

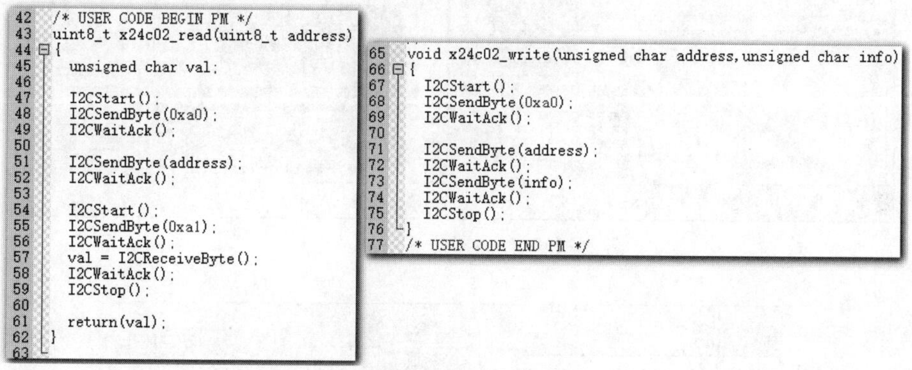

/* USER CODE BEGIN PM */
uint8_t x24c02_read(uint8_t address)
{
unsigned char val;
I2CStart();
I2CSendByte(0xa0);
I2CWaitAck();
I2CSendByte(address);
I2CWaitAck();
I2CStart();
I2CSendByte(0xa1);
I2CWaitAck();
val = I2CReceiveByte();
I2CWaitAck();
I2CStop();
return(val);
}
void x24c02_write(unsigned char address,unsigned char info)
{
I2CStart();
I2CSendByte(0xa0);
I2CWaitAck();
I2CSendByte(address);
I2CWaitAck();
I2CSendByte(info);
I2CWaitAck();
I2CStop();
}
/* USER CODE END PM */

图 10-26　IIC 的读写函数

② 在中断文件中定义全局标志变量，并在中断服务程序中给标志置 1，如图 10-27 所示。

main.c*
stm32f1xx_it.c
/* Private typedef
/* USER CODE BEGIN TD */
char Ex_flag;
/* USER CODE END TD */
/* USER CODE BEGIN EXTI2_IRQn 1 */
Ex_flag=1;
/* USER CODE END EXTI2_IRQn 1 */

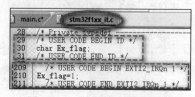

图 10-27　外部中断标志设置

③ 在 main.c 文件中定义外部全局标志变量，并在 while 中加入存取数据的代码，如图 10-28 所示。注意端口复用时，每次在端口读写前进行一次初始化配置。经编译链接，

将.hex文件加载到 Proteus 中观察现象。

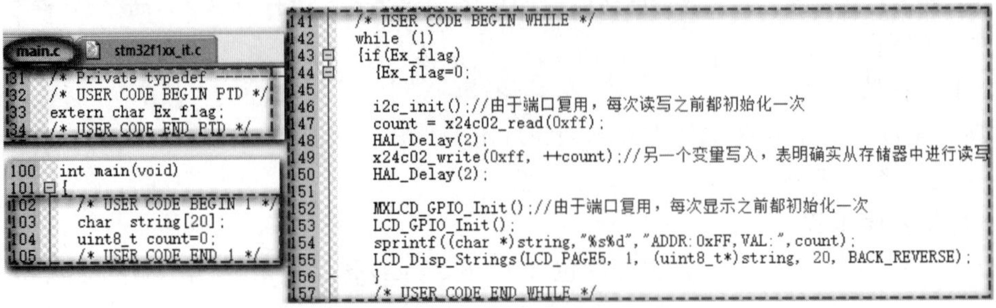

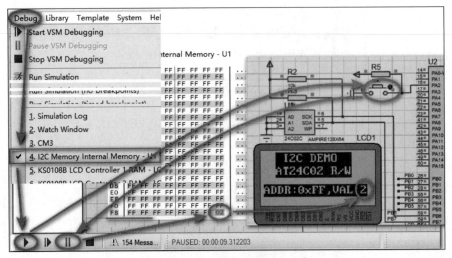

图 10-28　存储器读写及显示

每按一次按键，就会读写一次数据，并显示在 LCD 屏上。观察 IIC 存储器的 FF 单元的值，跟 LCD 屏显示的一致，如图 10-29 及图 10-30 所示。

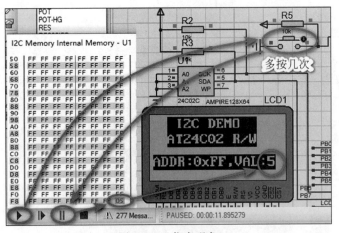

图 10-29　存储器仿真调试及现象

图 10-30　仿真现象

习 题 10

参考例程,实现日历制作。

开机时,LCD 屏第 1 行显示"2021-02-28"(表示 2021 年 2 月 28 日)。

LCD 屏第 2 行的中间显示"Sun"(表示周日)。

将日期数字依次存放在 EEPROM 的 00～07 号存储单元。

星期名称缩写(Sun、Mon、Tue、Wed、Thu、Fri、Sat)依次存放在 EEPROM 的 08～1C 号存储单元。

每按一次按键,EEPROM 内的日期往后加一,并从 EEPROM 中取出日期及星期名称在 LCD 屏上显示,显示格式跟开机显示一致。

要求日期加一的变化规律跟实际日常生活的日历一致。

提示:根据年月日转换为星期,参考代码(也可以到百度搜索其他方法)如下。

```
char DateToWeek(intyear, intmonth, intdays)
{   staticintmdays[]={0,31,28,31,30,31,30,31,31,30,31,30};
    inti, y=year-1;
    for(i=0; i<month; ++i)
    {
        days+=mdays[i];
    }
    if(month>2)
    {
        if(((year%400)==0)||((year&4)==0&&(year%100)))
        {
            ++days;
        }
    }
    return(y+y/4-y/100+y/400+days)%7;
}
```

STM32 外部存储器

参 考 文 献

[1] 张勇. ARM Cortex-M3 嵌入式开发与实践：基于 STM32F103[M]. 北京：清华大学出版社, 2017.

[2] 沈建华, 王慈. 嵌入式系统原理与实践[M]. 北京：清华大学出版社, 2018.

[3] 王亚涛. 嵌入式系统开发项目教程[M]. 北京：清华大学出版社, 2022.

[4] 王博. 单片机接口扩展设计与 Proteus 仿真：深入理解 51 单片机项目开发[M]. 北京：清华大学出版社, 2022.

[5] 郭书军. ARM Cortex-M3 系统设计与实现：STM32 基础篇[M]. 2 版. 北京：电子工业出版社, 2018.

[6] 郭志勇. 嵌入式技术与应用开发项目教程(STM32 版)[M]. 北京：人民邮电出版社, 2019.

[7] 刘火良, 杨森. STM32 库开发实战指南：基于 STM32F4[M]. 北京：机械工业出版社, 2017.

[8] 郭学提. 51 单片机原理及 C 语言实例详解[M]. 北京：清华大学出版社, 2020.

[9] 张新民, 段洪琳. ARM Cortex-M3 嵌入式开发及应用(STM32 系列)[M]. 北京：清华大学出版社, 2017.

[10] 屈微, 王志良. STM32 单片机应用基础与项目实践(微课版)[M]. 北京：清华大学出版社, 2019.

[11] 游志宇, 陈昊, 陈亦鲜, 等. STM32 单片机原理与应用实验教程[M]. 北京：清华大学出版社, 2022.